为什么有些食物那么臭？

世界一くさい食べもの

[日]小泉武夫 / 著

沈于晨 / 译

贵州出版集团
贵州人民出版社

SEKAIICHI KUSAI TABEMONO by Takeo Koizumi

Illustrated by Toshinori Yonemura

Copyright © Takeo Koizumi, 2021

Original Japanese edition published by Chikumashobo Ltd.

This Simplified Chinese edition published by arrangement with Chikumashobo Ltd., Tokyo, through Tuttle-Mori Agency, Inc.

Simplified Chinese translation copyright © 2024 by United Sky (Beijing) New Media Co., Ltd.

All rights reserved.

著作权合同登记号 图字：22-2024-010 号

图书在版编目（CIP）数据

为什么有些食物那么臭？ / （日）小泉武夫著；沈
于晨译 . – 贵阳：贵州人民出版社，2024.5
（Q 文库）
ISBN 978-7-221-18301-9

Ⅰ . ①为… Ⅱ . ①小… ②沈… Ⅲ . ①食品 – 青少年
读物 Ⅳ . ① TS2-49

中国国家版本馆 CIP 数据核字 (2024) 第 079897 号

WEISHENME YOUXIE SHIWU NAMECHOU？
为什么有些食物那么臭？
[日] 小泉武夫 / 著
沈于晨 / 译

选题策划	轻读文库	出 版 人	朱文迅
责任编辑	唐 博	特约编辑	李芳铃

出 版	贵州出版集团　贵州人民出版社
地 址	贵州省贵阳市观山湖区会展东路 SOHO 办公区 A 座
发 行	轻读文化传媒（北京）有限公司
印 刷	北京雅图新世纪印刷科技有限公司
版 次	2024 年 5 月第 1 版
印 次	2024 年 5 月第 1 次印刷
开 本	730 毫米 × 940 毫米　1/32
印 张	3.5
字 数	62 千字
书 号	ISBN 978-7-221-18301-9
定 价	25.00 元

目录

前言

读者朋友们，接下来请和我一起走进臭味食物的奇妙世界吧！其实，臭味也分不同等级，比如黏糊糊的拉丝纳豆和闻起来像臭屁一样的腌萝卜就只是入门级而已。世界上有很多刺激性食物，比如鲱鱼罐头，它丝毫不令人觉得那是食物该有的味道。

一定会有读者朋友想问，食物臭成那样，吃下去真的不会有危险吗？其实，人类是能够通过气味感知危险的。因为摄入腐坏的食物会有损健康，所以我们都具备了判断食物是否腐烂的能力。

那么，臭味食物和腐烂食物的区别是什么呢？其实，大家本能地知道这个问题的答案。某小学曾做过一项实验，实验内容是"如果你闻到了腐烂的青花鱼和鲱鱼罐头的气味，并且一定要选择一个吃下去，你会选择哪一个？"。虽然鲱鱼罐头的气味极其刺鼻，但所有人都不约而同地选择了它，因为大家的鼻子都察觉到了腐烂的青花鱼所散发出来的气味是危险信号吧。

虽然鲱鱼罐头的气味很刺鼻，但这种刺激性气味并非因为腐烂，而是源自发酵。腐烂和发酵有什么不同呢？虽然两者都是微生物作用的结果，但腐烂是腐败菌等"坏"微生物所致，而发酵则是因为乳酸菌等"好"微生物在发挥作用。

让我们来举一个简单易懂的例子。如果把牛奶倒进杯子里，然后把杯子放在空气中，那么只消一天左右牛奶就会开始散发恶臭。这是由于空气中的腐败菌入侵了牛奶，致使牛奶发生了腐败。腐败菌能够产生大量毒素，人食用后会引发食物中毒、腹泻或者呕吐，非常危险，所以腐败的食物和饮料绝对不能入口。但如果是"好"微生物——乳酸菌进入牛奶，结局可就大不相同了。虽然同为细菌，但乳酸菌会让牛奶摇身一变成为美味的酸奶和奶酪，不仅美味，营养价值也比牛奶更高，令人惊讶的是其保质期也比牛奶更长。虽然发酵也会散发出一些特殊的气味，但和腐烂绝对是两码事。

为什么世界上有那么多臭味食物呢？我想敏锐的朋友们读到这里应该已经可以推测出原因了吧？那么，接下来就让我们一起走进臭得要命却深奥又美味的臭味食物世界，开启一场验证这个推测究竟正确与否的旅行吧！

第1章

——

鱼类

鲱鱼罐头
臭味指数：★★★★★以上

如果有人问我，"地球上哪种食物的气味最刺鼻？"，那我会毫不犹豫地回答："鲱鱼罐头！"天哪，它的气味何止是刺鼻，简直是升级版臭气，臭得令人震惊，臭得叫人昏厥。

鲱鱼罐头是瑞典特产鲱鱼的发酵罐头，做法是先将鲱鱼剖开，加少许盐后利用乳酸菌等微生物进行发酵，初期置于大型容器内，待进入发酵高潮期后再将其放入罐子密封，隔绝空气，即制成罐头。

◆ 地狱罐头

一般来说，人们制作罐头时会把食物放入罐内进行加热杀菌处理，以此灭杀罐内的微生物，从而使食物得以长期保存。鲱鱼罐头却反其道而行之。人们将食物放入罐内后不会进行加热杀菌处理，即在发酵菌存活的情况下就将食物密封于罐内，因此密封以后食物仍会继续发酵。于是，发酵的微生物会在几乎真空的环境中进行异常代谢，逐渐产生具有刺激性气味的代谢产物，如丙酸、戊酸、丁酸、己酸等，再与鱼肉分解后产生的氨、挥发性胺、硫化氢、硫醇等成分混合在一起，便会产生惊人的超级臭味。鲱鱼罐头在瑞典似乎还有个名字——"地狱罐头"。

听了这样的故事后，我迫不及待想要试试！虽然
鲱鱼罐头有着地狱般的超级臭味，但它在瑞典是日常
出售的食品，总不会丧命吧！而且那么臭还有人吃，
那必然很美味。

我第一次吃鲱鱼罐头是在瑞典一家酒店的房间
里。当时我从百货商店的食品区买了一罐带回住的酒
店，准备就着当地的蒸馏酒（类似伏特加）当下酒
菜吃。

◆ 马上要爆炸？！

看到鲱鱼罐头的一瞬间你就会意识到，它真的非
比寻常！鲱鱼罐头的体积是日本罐头的三倍，胀得鼓
鼓的，仿佛在告诉我们里面的食物进行了一场异常发
酵。鲱鱼罐头之所以会膨胀是因为发酵过程中产生的
二氧化碳气体自内部顶住了金属罐体，导致它看上去
像是随时要爆炸。

听说瑞典确实有很多罐头在制造或运输的过程中
发生了爆炸。据传言，鲱鱼罐头之所以在鱼罐头中属
于高价产品，是因为它一旦破损便会造成极大损失，
于是价格也就被拔高了。

总之，百闻不如一试。我在房间先开了瓶酒润了
润喉，然后满怀期待地用开罐器打开了膨胀成长崎
PanPaka面包的鲱鱼罐头。

可就在打开罐头的那一瞬间，我完全明白了"地

狱"是怎么一回事。随着二氧化碳气体"呲——"地喷薄而出，发酵后的黏糊状鱼肉也喷得满地都是。待我回过神来已经晚了，我的手、胸口和脖子上全都沾满了从罐头里喷出来的黏糊状发酵物。哎哟那个臭味，真是超乎想象，那已经完全不是食物的味道了，就像是腐烂的洋葱加上臭鱼干腌渍汁，再混合蓝纹奶酪、鲫鱼寿司和放了很久的腌萝卜，甚至还有掉在路边被鞋子踩过的白果的味道，真是臭得空前绝后、惨绝人寰。我当即感到呼吸困难，恶心不已，甚至有了生命垂危之感。

于是我慌忙用大拇指按住正在散发臭味的罐口，然后走到浴室把罐头丢进了马桶里，再盖上马桶盖等待气味散尽。

◆ 黏糊糊的鱼肉

这时臭味已经弥漫了整个房间，我把窗户全部打开通风，身上穿的衣服也全都脱掉装进了塑料袋里密封起来，只剩了一条三角裤。把粘在手上和脸上的发酵液体全部洗掉后，那股气味仍旧无法消除，即便我想冲个澡，也必须先把马桶里的罐头解决掉。于是，"奄奄一息"的我把耳朵贴近马桶盖，仔细地听着里面的声音——马桶里毫无动静，气体多半已经散尽。我提心吊胆地打开马桶盖，发现里面满满堆积着黏糊糊的鲱鱼肉，罐内还残留着大约一半的"内容"。我决定把罐头从马桶中拿出来，然后装进塑料袋丢掉。

可忽然间，人类天生的好奇心开始作祟。一个声音在诱惑我：好不容易打开了罐头，至少得尝一口吧，一口都不尝很难死心啊，或许可以品尝到极致的美味呢？于是我向罐头望去，罐内是发酵后呈黏糊状的鱼肉，颜色是略微带红的灰白色。我试着舔了一点发酵的汁液，怎么说呢……那味道层次颇为丰富，既有酸味、咸味以及鱼肉的美味，二氧化碳还给舌尖带来了被针刺的感觉。说实话我感到有些失望，因为那味道就像是往碳酸饮料里加了咸鱼，奇奇怪怪的，与刺鼻的气味相比倒显得比较普通，并不值得被"隆重"对待。我记得那天晚上我的喉咙里一直都留存着恶臭，心情也很沉闷，甚至第二天早上都不愿醒来。

◆ 四大注意事项

我后来才知道有此遭遇完全是我自作自受。相熟的朋友告诉我，打开鲱鱼罐头时一定要遵守四大注意事项。

第一，绝对不要在家里打开。

第二，打开罐头前一定要穿上废弃的衣服或者雨衣等，把全身都裹住后再开罐。

第三，打开罐头前一定要将其放进冰箱冷藏，让

打开鲱鱼罐头时的注意事项

1 绝对不要在家里打开

2 用雨衣等把全身都包裹住

3 放入冰箱冷藏

4 确认下风处没有人

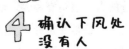

下风处

无人

罐头充分降温，从而降低内部气压。

第四，确认下风处没有人。

这四大注意事项看上去就像一种瑞典幽默，但至少我从第一条到第三条都没有遵守，所以嘛，发生那样的惨剧也只能怪我自己。

数据可以证实鲱鱼罐头确实是世界上最臭的食物。据气味浓度检测仪器的检测结果，鲱鱼罐头的气味浓度高达10870Au[1]，相较于纳豆363Au（第61页）、鲫鱼寿司486Au（第27页）、臭鱼干1267Au（第19页）、洪鱼脍6230Au（第12页）而言是当之无愧的第一。哦，对了，方便大家参考，我脱下来的臭袜子的气味浓度为179Au。一个鲱鱼罐头的臭味相当于臭袜子的60倍，这下你明白它的气味有多么可怕了吧！

◆ 高价值、易保存食品

虽然很多瑞典人会把鲱鱼罐头的鱼肉夹在面包里或者用蔬菜裹着吃，但似乎并不是所有的瑞典人都喜欢这种发酵食品。和日本的鲫鱼寿司以及臭鱼干一样，更多的人对这种食物抱着敬而远之的态度，仅小部分的人对之情有独钟。瑞典是全世界屈指可数的吃鱼大国，也是鲱鱼的主要捕捞国之一，鲱鱼罐头可谓瑞典加工技术的结晶。

1　Au即阿拉巴斯特，一种臭味计量单位。（如无特殊说明，本书脚注均为编者注）

世界上最臭的鲱鱼罐头

 纳豆 363Au

鲫鱼寿司 486Au

（臭味计量单位）

 臭鱼干 1267Au

 洪鱼脍 6230Au

 鲱鱼罐头 10870Au

脱下来的
臭袜子 179Au

脱下来的臭袜子 × 60 = 鲱鱼罐头的气味！

冲击性的臭味！

第1章 鱼类

鲱鱼罐头属于发酵食品，营养价值非常高。它是重要的蛋白质来源，其维生素含量相较于腌鲱鱼等最高，而且富含矿物质，尤其是钙，易被消化和吸收。人类能够运用智慧将鱼肉加工发酵成易保存的食品，并提高其营养价值，真的很了不起！

虽然人们连呼"臭死了臭死了"，但一旦习惯了这种臭味，说不定反而会上瘾哦。不过还是希望大家能在吃这种"地狱罐头"时做好万全准备，务必倾注十万分的小心。建议至少两人一起食用，不然如果独自开罐，万一昏迷可就麻烦了。

洪鱼脍
臭味指数：★★★★★以上

洪鱼脍是韩国全罗南道港口城市木浦市的一道传统乡村料理。洪鱼即鳐鱼，脍即生肉，因此所谓洪鱼脍即鳐鱼刺身。

我第一次为了吃洪鱼脍前往木浦时，相熟的韩国朋友事先发来了一封传真，那是一本有关洪鱼脍的韩国料理书的内文复印件，内容如下：

> 洪鱼脍大概是全世界乃至全地球味道最像公共厕所的食物。放入口中咀嚼的瞬间，氨臭会以秒速穿过鼻子深处直冲大脑。如果此时深

吸一口气，100人中会有98人接近昏迷，两人濒临死亡。

这简直是一篇警告文啊！那位熟人或许是希望我打消念头才给我发了那封传真，却产生了相反的效果。对于沉迷珍奇食物的我来说，令人陷入濒死状态般的气味反而是最能激起好奇心的，所以我满怀期待地飞往了韩国的木浦市。

◆ 当地的臭味No.1？！

木浦是一个人口仅30万的港口城市，但很有活力。我抵达以后立刻前往了一家名为"金牌食堂"的洪鱼料理专卖店，据说他们家的洪鱼脍是"木浦No.1"——其氨臭在整个木浦最为刺鼻。

这家店的女店主在全罗南道很有名。她戴着圆圆的眼镜，看上去心情很好的样子，给人的感觉相当亲切，而且总是能把正在品尝洪鱼脍的客人逗得哈哈大笑。她说："我店里的洪鱼料理可是金牌哦，不输给任何一家店的。"啊，我懂了，所以她的店才叫"金牌食堂"啊！她那飘飘然的样子颇为可爱，不过这个苗条的女人居然是名副其实的臭鱼杀手，真是让人觉得不可思议。

◆ 氨的意外效果

洪鱼体型巨大，宽度约80厘米，尾巴大约有1米长，重达十几公斤。人们用一整张厚实的纸包裹住一条洪鱼，然后把好几条鱼一起放进罐子里，再压上重物隔绝空气，接着盖上盖子让它熟成、发酵10天左右。其间，洪鱼会利用自己身体中残留的消化酵素来进行自我分解、自我消化和自我溶解，同时它身体表面的霉菌也会发挥作用，产生刺鼻的氨臭味。因为氨具有强碱性，能防止腐败菌滋生，所以洪鱼即便长期被置于阴冷处也不会变质。

不仅仅是洪鱼，大多数年龄较大的软骨鱼都会散发出氨臭味，鲨鱼也是如此。自然生成的氨臭味已经极其刺鼻，而洪鱼脍还要经过熟成和发酵，自然会产生更加浓烈的氨臭味，也难怪它的气味惨绝人寰。

◆ 解锁美味吃法

好了，宣传先到此为止。我马上向女店主要了一份洪鱼脍，她答道"没问题"，然后娴熟地打开了装有洪鱼的大罐子的盖子。虽然我和罐子之间隔着些距离，但第一波氨臭已经瞬间飘到了我的座位，那奇怪的味道似乎比传闻中更胜一筹。

女店主对我的慌张表示不屑，她从罐子里取出一条很大的洪鱼，然后沉着地将洪鱼摆在巨大的砧板上，挑出里脊下方Q弹的部位——据说这个部位最好吃——以及旁边的肉，将之切成5毫米厚的带软骨肉片，即刺身，也就是洪鱼脍。客人可以在刺身上淋一些特制的辣椒酱汁，或者用生菜叶包裹刺身和三片煮过的猪肉，然后蘸点辣椒酱食用，其他部位则切成大块，做成蒸菜或者炖菜。

我十分佩服女店主的好手法，不过开吃之前，我已经在第二波氨臭中痛苦挣扎。氨臭味加上鱼肉腐烂的臭味，还有独特的发酵臭……种种味道混合在一起形成的浓烈臭味毫不留情地弥漫了整家店，连女店主切鱼的时候也会偶尔被呛住。

◆ 令人濒临昏厥的氨臭

终于，我点的洪鱼脍被端上了桌。我先用筷子夹起刺身，蘸了些特制酱汁后放入口中咀嚼，两三秒后，第三波剧臭冲鼻而来——呜！头晕！这味道可真是非比寻常啊，氨臭的刺激甚至让我眼泪都流出来了。我忽然记起小学抽水式厕所里弥漫的那股氨臭味——那味道姑且还能形容为"可爱"——这可没法儿和"可爱"相提并论啊！这臭味之强烈简直让人怀疑这是真实存在的味道吗？

我想一探究竟，于是试着深吸了一口气，却发生了更麻烦的事情——我的眼前如同火花爆裂般啪地一下变得明亮，下一瞬间又如同失去意识般突然变暗。这气味简直让人濒临昏厥，除了流眼泪，我还不停地咳嗽，与其说是吃饭，倒不如说是在接受拷问。

"小泉先生太夸张了，又想逗我们笑吧！"

兴许会有读者朋友产生这样的疑问。不不不，这是真的啊！我还找到了科学依据呢。

当把洪鱼脍放进嘴里时，我从口袋里拿出了从日本带去的pH试纸，随后将试纸放在鼻孔处并用鼻子呼了一口气。你们猜猜发生了什么？试纸瞬间变成了深蓝色！由于氨呈碱性，所以pH试纸会变蓝，不过这种蓝其实已经超过了深蓝，变成了接近于黑色的深紫色。可见我的鼻息含碱量有多高，氨臭又有多么厉害！平时从人的鼻孔里喷出如此浓烈的氨根本绝无可能，这更从科学角度印证了洪鱼脍这种食物真的非同一般。

而且，当人们把洪鱼脍放入口中咀嚼时，口腔的温度会升高，这恐怕是氨溶解在唾液的水分中形成氢氧化铵时所产生的溶解热，这股热量的温度仿佛比火焰燃烧还要高呢。

◆ 爱上洪鱼脍

洪鱼脍其实重在味道，但一开始人们都会被其气味玩弄于股掌之间，完全分不清是好吃还是难吃。它的味道非常复杂，洪鱼特有的美味很快会被氨的辛辣味所掩盖，甜味也随之而来，辣椒酱的辣味、大蒜和洋葱的辛辣与甜味等也混杂其中。

虽然对手很难招架，但我也斗志昂扬。

尽管第一天我因为刺鼻的臭味而泪流满面，遗憾败北，但如果就这样回国，那我可有负"人类味觉飞行器"的名号。于是我又在木浦市待了大概五天，在金牌食堂和其他餐厅一个劲儿地吃洪鱼脍。到了第三天，我终于领悟了洪鱼脍的乐趣所在，而到第四天、第五天，我已经完全爱上了洪鱼脍，我的舌头和鼻子都叫嚣着要品味它。所以说啊，做什么事都不能半途而废。

◆ 过度捕捞导致升值

从木浦坐三个小时的船即可抵达一个名叫黑山岛的岛屿。从前，黑山岛附近能钓到很多洪鱼，但由于过度捕捞，现在的渔获量大为缩减。因此，我们如今在木浦吃到的洪鱼其实主要进口自印度尼西亚和菲律宾。

还有一个原因导致洪鱼非常昂贵，那就是洪鱼脍在包括木浦在内的整个全罗南道都被视为顶级料理，尤其是在冠婚葬祭[2]、祝贺乔迁和招待重要客人等场合，主人必定会准备这道菜。据说，餐桌上有多少洪鱼脍决定了这场宴会的排场和级别。

我在木浦期间受邀参加过两场婚礼，每场都准备了很多洪鱼用来招待宾客。男女老少都对其喜爱有加，连打扮精致的年轻女性也不例外，大家都说着"超喜欢吃洪鱼脍！"，然后一边啪嗒啪嗒地掉眼泪，

2　成人礼、婚礼、葬礼、祭祀。（译者注）

一边对着臭得要命的洪鱼脍大快朵颐。

木浦市内除了金牌食堂还有很多能吃到洪鱼料理的餐厅，这些餐厅的菜单上大多都有"黑山岛洪浊"这道料理——"黑山岛"是指洪鱼的产地，"洪"是洪鱼的第一个字，"浊"则是浊酒，所以这道料理其实就是一个套餐，即地道的黑山岛产洪鱼+本地酒。

不愧是套餐呀，浊酒和洪鱼料理的适配度非常高。浊酒是一种酸味很浓的酒，所以能中和洪鱼的碱性臭味。因此，如果吃洪鱼料理时感到恶心，可以马上喝一口浊酒，如此便可享受绝妙味道。

◆ 赌上性命的食物

一般来说，酸性会导致食物的pH值下降，使腐败菌无法繁殖，但洪鱼脍反而因为碱性过强而使pH值超过了腐败菌可繁殖的数值范围。实际上，在碱性环境中抑制腐败菌的繁殖是件非常危险的事情。日本《食品卫生法》规定禁止售卖含氨食品，即便只有微量也作相同处理。而洪鱼脍还会渐渐滋生氨，的确是一种赌上性命的食物。以前在NHK节目《土曜特集》的外出采访中，与我同行的两位NHK首尔分部同事就因为食用洪鱼脍而去了医院。所以如果大家要去木浦品尝洪鱼脍，一定要提前买好保险，食用时也绝对不要为了好玩而深呼吸。

哎呀呀，好可怕！总之，遍寻世界珍奇食物的我也是第一次碰到如此催泪的食物。供大家参考，把洪鱼脍和煮熟的五花肉一起用生菜叶包起来吃会更容易接受一些，浓烈的臭味也会变成美味。

臭鱼干
臭味指数：★★★★★以上

臭味食物有很多，但名字里直接带"臭"字的，伊豆群岛的臭鱼干可算是赫赫有名了。据说因为气味太臭，人们喊着"太臭啦，太臭啦"，于是它的名字就变成了"臭鱼干[3]"。

臭鱼干是我心头好中的心头好，有臭鱼干的日子我高兴得几乎想把它当枕头来睡，简直喜欢得要命。它熟悉的"妖艳"气味与深邃味道里潜藏着一种魔力，轻易就令我沉迷。

◆ 腌渍汁是关键

臭鱼干的原料是室鲹、细鳞圆鲹、真鲹、青花鱼、飞鱼等鱼。做法是趁这些鱼还新鲜时将它们开膛破肚，去除鱼鳃、内脏及鱼血，将之放入桶中用水清洗两三次后，再加入腌渍汁（发酵的海水）腌制几个小时，然后将它们铺在竹席上晒干，重复这些步骤直

3　"太臭啦"这句话在日语中的谐音与"臭鱼干"一词相近。（译者注）

至鱼干变成玳瑁色，在此过程中便会产生一种独特的芳香风味。这种腌渍汁和蒲烧鳗鱼的酱汁一样，年份越久越优质醇正。

伊豆群岛中，要数新岛的臭鱼干产量最高。我曾去那里拜访过一家老牌店铺的臭鱼干加工厂。据店主说，如今使用的腌渍汁历史其实非常悠久，在大约350年前这家加工厂诞生之初就已经存在了。如果人们发现腌渍汁变少了，便会加入新的盐水使其再次发酵，如此循环往复，代代相传。我受邀品尝了这种深棕色的液体，发现它几乎没有咸味，反而在浓郁的鲜味中带有淡淡的甜，味道好极了。也完全没有生鱼肉的腥味，甚至带有一种熟成的味道。

烤臭鱼干时的独特气味由鱼干特有的鱼肉焦味、鱼油燃烧的气味以及因微生物（尤其是细菌）作用而产生的气味混合而成。我的酒友们懂得了它的美妙之处后，全都因为那不得了的香味而迷上了这道下酒菜，当我们就着臭鱼干推杯换盏时，可以说终于成了"臭味相投"的朋友。

◆ 臭鱼干的由来

臭鱼干的制作方法其实源自岛民们的智慧。

日本暖流黑潮流经伊豆群岛，岛屿近海的青鱼资源非常丰富，可用于晾晒干货的沙地晒场也十分广阔。据说早在江户时代，人们就已经学会了巧用地利，用海水制作出了高品质的腌鱼干。

盐对于制作干货来说必不可少，但又很难获得，而且此地还会收缴盐作为给幕府的贡品。由于征收非常严格，人们无法确保有足够的盐留以自用，于是迫不得已想出了一个办法，即在一种名为"半切"的浅底桶里装上海水，然后把剖开的青鱼浸在桶中，放在太阳下晒干。通过重复这种操作，即便不使用盐，也能制出含盐量较高的腌咸鱼干。

接着，让人意想不到的奇迹发生了。由于腌鱼的海水（腌渍汁）被重复利用，腌渍汁开始发酵，并散发出了奇怪的气味。

按常理来说，食物并不会散发出这种气味，但浅尝一下就会发现腌渍汁的美味令人欲罢不能。是呀，几百条剖开的鱼浸入腌渍汁后，鱼的美味溶入其中，怎么可能不好吃呢？因此，人们试着用这种带有臭味的腌渍汁来腌鱼，将其晒成鱼干后再运往江户。这种臭鱼干备受美食家欢迎，据说售价比普通的腌鱼干要高出许多。知名特产臭鱼干便就此诞生。

◆ 发酵菌的强大力量

臭鱼干腌渍汁的发酵除了与棒状杆菌有关，也离不开耐盐的酵母菌的参与。腌渍汁浓烈的气味便来自这些菌所产生的丁酸、戊酸、己酸等有机酸及其酯类。

在医疗条件比较匮乏的年代，臭鱼干的腌渍汁在新岛还被当作一种民间疗法的药材，备受人们珍视。腌渍汁富含从鱼肉中溶出以及由发酵菌产生的维生素类和人体所必需的氨基酸，最适合治疗感冒，提升体力，滋补效果非常好。

此外，它对于治疗割伤和肿胀也很有效，只要将腌渍汁涂抹在受伤的部位，不一会儿伤口就会神奇地有所好转。这一点我在新岛时曾有过亲身体会，当我在一个小伤口上抹上腌渍汁后，伤口完全没有化脓，3天后就痊愈了。我对此倍感吃惊，真是太厉害了！这种疗效最近备受瞩目，科学研究也证实了臭鱼干腌渍汁中的确含有天然的抗菌物质。

腌渍汁的发酵与数十种微生物有关，这些微生物为了存活制造出了抗菌物质，具有防止其他细菌繁殖的能力。因此，在处理割伤等外伤时，涂上这种腌渍汁可以抑制从空气中入侵的化脓菌的繁殖，从而帮助伤口恢复。

臭鱼干的含盐量明明很低，却比普通的干货更易长期保存，这也是因为它的表面覆盖了发酵菌产生的抗菌物质，能够有效抑制腐败菌的繁殖。正因如此，臭鱼干在干货中有着响当当的名号。

◆ 注意不要烤过头！

疗效姑且不论，臭鱼干还是一道很棒的下酒菜，它既适合搭配啤酒，也很适合搭配日本酒。虽然真的很臭，但它是我心头好中的心头好，烤完后用手撕下的烫乎乎的鱼干是最好吃的。

由于炙烤臭鱼干的方式非常影响味道，所以炙烤时一定不能掉以轻心。首先要迅速地用距离稍远的大火烤带皮的臭鱼干背部，待产生隐约的烤痕后翻面，接着用小火烤内侧，千万注意不要烤煳。臭鱼干在鱼干中处于一种很特殊的干燥状态，火力稍微过大就会立刻被烤焦，当我们回过神来时，它已经像脆饼干一样酥酥脆脆了。趁臭鱼干背部表面热乎乎的时候啃着吃，那是一等一的美味，剩下的鱼干冷却后切成细条做成茶泡饭也很好吃。

为了让消费者更容易接受臭鱼干，最近市面上出现了很多名为"新臭鱼干"的品种，颜色更浅，气味更淡。如今已经很难买到又黑又亮的正宗臭鱼干了，对此我觉得有些难过，但为了让臭鱼干更普及，这也是没有办法的办法。

除此之外，还有一种"炙烤臭鱼干"也在出售，做法是将细鳞圆鲹炙烤后浸入臭鱼干腌渍汁里，然后将其装在瓶装罐头中。这种做法既省去了烧烤的功夫，鱼的肉质也很鲜嫩，所以很受欢迎。

◆ 不同气味的融合

我们家很喜欢自己做臭鱼干酱油，做法是把烤好的臭鱼干用手撕碎，然后放入酱油里腌制——直接用市面上出售的瓶装罐头烤臭鱼干会更方便。配比是半条烤臭鱼干加5合[4]酱油，酱油会慢慢被臭鱼干的独特气味和深邃味道渗入，完美地将臭鱼干融于其中，变身为又臭又美味的酱油，着实有意思。

我经常把这种酱油淋在纳豆上吃。臭鱼干美味的来源，即核酸类物质（主要是肌苷酸）与纳豆美味的来源（主要是谷氨酸）相结合，会产生所谓的味觉协同作用[5]，使味道更上一层楼，而且酱油的美味会起到助推作用，能令人更加深切地享受纳豆的美味。如果把酱油淋在刚煮好的白米饭上，可以让人吃上好几碗饭都停不下来。

臭鱼干酱油淋在腌白菜和腌萝卜等上面也很美味，分装后放进冰箱囤着，可以吃上好几个月，简直是上等佳品，非常推荐各位美食家试试哦！

熟成寿司
臭味指数：★ ★ ★ ★ ★

熟成寿司是一种巨臭但又极美味的食物。

熟成寿司属于腌制品，一般做法是把腌过的鱼贝

4　　日本独有的计量单位，多用于煮饭时对米的计量，1合约等于180毫升。

5　　指同类味觉的不同物质混合后所产生的数倍于原物质味觉效果的作用。

类混入煮好的米饭中，然后压上重物，利用乳酸菌等微生物进行长时间的发酵。在腌制期间，乳酸菌会渐渐产生乳酸，从而降低鱼肉和米饭的pH值，抑制杂菌繁殖。与此同时，鱼肉中的蛋白质会被转化为氨基酸，使其更加美味。熟成寿司在发酵初期到中期会散发出浓烈的臭味。这种利用微生物作用制成的寿司，汉字写作"鲊"而非"鮨"[6]，人们普遍将它视为寿司的"祖先"。

熟成寿司最早起源于中国西南的云南省西双版纳和东南亚的湄公河流域（越南、老挝、泰国、缅甸、柬埔寨等），历史非常悠久。据中国文献《尔雅》记载，"鲊"是用盐保存的鱼肉，"鮨"是鱼肉的腌制品，"醢"则是肉的腌制品，鱼肉包括鲤鱼、草鱼、鲇鱼等淡水鱼，肉包括鹿、兔子、山禽等。也就是说，最早的寿司其实是鱼和肉的腌制品，与如今的寿司大不相同。

现如今，寿司起源地的人们也依然常常食用熟成寿司。我以前到访中国云南省和缅甸时曾见过各种各样的熟成寿司。鱼做的熟成寿司大多使用淡水鱼（鲤鱼、鲫鱼、鲇鱼、草鱼、鲢鱼等），牛肉和猪肉做的熟成寿司种类也丰富到令人赞叹。日本熟成寿司的原料主要是鱼贝类，东南亚国家和中国少数民族的许多

6　熟成寿司的日文写作"熟鲊"。（译者注）

地方则有用猪肉和牛肉等做成的熟成寿司，并且多到令人吃惊。此外，还有些少数民族会用茶、辣椒、蔬菜等制作植物系熟成寿司。

◆ 易保存，又美味

据说日本在绳文时代也诞生了熟成寿司。遗址发掘结果显示，在日本海沿岸地区，以青花鱼、鳟鱼、鲑鱼等为原料制成熟成寿司的活动分外活跃。

熟成寿司的保质期很长，在日本和海外都能找到保存了数十年的熟成寿司。在没有冰箱等储藏设备的时代，用重物压制是保存鱼贝类等动物性食品的重要方法。随着时间的流逝，它也逐渐成了一种日本特有的腌制方法。熟成寿司也不再只是干货，而是摇身一变成了一种香味四溢的食物。

最近，维生素群和乳酸菌的保健效果备受瞩目。在熟成寿司的发酵过程中，维生素群会产生大量微生物，乳酸菌则能进一步促进发酵。维生素是人类生命活动不可或缺的营养素，乳酸菌则具备帮助人们调整肠道的良好效果。我们从问卷调查中也可以看出，熟成寿司的滋补效果早已为当地人所熟知，这一点我会在后文中再做介绍（第29页）。

无论如何，日本人的餐桌上多了熟成寿司可不单单是多了一道菜，而是在各个方面都有好处。日本的代表性熟成寿司是近江（滋贺县）的鲫鱼寿司和纪州

（和歌山县）的秋刀鱼寿司，但这种熟成寿司文化如今正在逐渐消亡，真令人惋惜。

鲫鱼寿司
臭味指数：★★★★★

日本的代表性熟成寿司是滋贺县的特产鲫鱼寿司，原料为琵琶湖的固有鲫鱼品种煮顷鲋，这种寿司被认为是日本现存熟成寿司中最古老的形态。

煮顷鲋如果有孕则价值非常高，在4月到6月的产卵期，人们会在其为了产卵而靠近岸边时进行捕捞，然后费时费力地制成鲫鱼寿司。不同寿司师傅和不同家庭的制作方法各不相同，但工序大致如下。

将煮顷鲋洗净后仔细地刮去鱼鳞，去除鱼鳃及除卵巢以外的其他内脏，然后将盐塞入鱼肚内进行腌制。静置至7月的土用之日[7]后去除盐分并晾干，整条腌制。在桶底铺上煮得很硬的米饭，将米饭与鲫鱼一同腌制，然后压上重物，次日向桶内倒满盐水，这是为了以盐分防止腐败，同时用倒满的水来隔绝空气，从而促进乳酸菌的发酵。随着乳酸菌发酵的进行，乳酸会逐渐增加，pH值下降，防腐效果得到增强，鱼肉所含的部分蛋白质会变成氨基酸，令其更

7　日本历法中，一年"四立"（立春、立夏、立秋、立冬）前18天的日子都是土用日。

添风味。

正月前后恰好是吃鲫鱼寿司的时节，人们会把腌制的鲫鱼从桶里拿出来切成薄片，这时能看到鲫鱼肉下面露出的金黄色的卵巢。我这样的人光看到切开的鱼块就已经兴奋异常、垂涎欲滴了，将鱼肉放进嘴里以后，更是越嚼越筋道，其深邃的味道会在口中蔓延，令人沉浸于喜悦之中。

◆ 皇族也爱的气味

但实际上，金黄色的鱼块带有腌制的臭味。自打开桶盖的那一刻起，气味就已经四处飞散了，不过对于喜欢臭味食物的我来说，连闻气味的鼻子似乎都觉得很高兴呢。鲫鱼寿司带有的浓烈气味大多源自具有挥发性的有机酸类（乙酸、丙酸、丁酸、戊酸、己酸、辛酸等），这些酸只需微量便会散发出恶臭。很多人因为这种臭味对鲫鱼寿司敬而远之，但它其实是发酵文化的起点，是收藏家、美食家的憧憬，也彰显了日本传统饮食文化的博大精深。据记载，鲫鱼寿司在平安时代就被上贡给宫廷，可见其在当时就备受珍视。

将鲫鱼寿司直接当小菜就着米饭吃就很美味，做成茶泡饭更是佳品。制作茶泡饭时，在刚刚煮好的米饭上放上三到四片切成薄片的鲫鱼寿司，加上芥末和葱丝作为佐料，然后浇上热乎乎的煎茶，浓重的臭味就变成了湿润又丰富的气味，寿司的酸味和米饭的甜味相互交织，令人难以抗拒。

除此之外，我们还可以把切成薄片的鲫鱼寿司放入碗中，浇上热水做成汤，喜欢喝酒的人也可以把鱼鳍放入清酒中，做成鱼鳍清酒饮用。

我本人大多数时候还是把它当成下酒菜来吃。比如，在今津的海滨一边眺望琵琶湖，一边温一杯当地的名酒"琵琶长寿"喝起来，并佐以鲫鱼寿司，简直能让人吃得直咂嘴。琵琶长寿满满的吟酿香与鲫鱼寿司原生态的臭味形成了绝妙对比，震撼着我的心，这悠闲至极的心情令我不禁泪流不止——啊，不行，变成眼泪汪汪的故事了。

◆ 有益健康

鲫鱼寿司有着各种各样的滋补效用。以前我曾在日本发酵机构余吴研究所担任过所长，当时我们面向滋贺县琵琶湖附近的居民展开了一项调查——"请问您觉得您多年来食用鲫鱼寿司有什么保健效果吗？"，结果收到了很多超出预想的回答。

最多的答案是"通便"，第二是"止腹泻"。也就是说，鲫鱼寿司能有效应对"出"和"止"两种相反的情况，这其实是乳酸菌在发挥调理肠道的作用。众所周知，乳酸菌制剂对治疗便秘和腹泻很有效，而鲫鱼寿司的发酵主体就是乳酸菌，所以这应该是它在发挥功效吧。

第三是"恢复胃动力",第四是"缓解疲劳",第五是"有效治愈感冒"。关于"有效治愈感冒"这个回答,有如下与饮食方式相关的记述:"在碗中放上鲫鱼寿司后倒入热水,趁热边吹气边喝,会令人体拼命发汗,之后把被子盖严实睡上一觉,则能出更多的汗。睡觉时适当用毛巾擦汗,次日即可恢复满满元气。"的确,给鲫鱼寿司浇上热水做成汤喝掉能出很多汗,我就亲身尝试过很多次,所以大家在感冒的时候也可以试试看哦。

除了这些答案,还有些女性回答"有利于产后催乳",有些男性回答"房事前三天起早晚食用,一定能成功受孕"。

不管怎样,既能品味美食又有助于身体健康,可谓一绝呀。

滋贺县内除了煮顷鲋,还有少许香鱼、泥鳅、彼氏冰虾虎鱼、鲤鱼、诸子、鲇鱼、宽鳍鱲、箱根三齿雅罗鱼等也会被作为原料制成熟成寿司,很多神社还会在祭神仪式上供奉熟成寿司。近江国(今滋贺县)坐拥日本最大湖泊琵琶湖,是历史上熟成寿司文化扎根极深的地方。

糠渍河豚卵巢
臭味指数：★★★

有一种上等佳肴臭得要命，食用时不得不抱着必死的决心，却依然令人垂涎欲滴，它就是石川县的特产糠渍河豚卵巢。

糠渍河豚卵巢是一种古老的传统食品，主要产于石川县白山市（美川地区）、金泽市及能登半岛的部分地区等，其原料为红鳍东方鲀、密点东方鲀、棕斑兔头鲀和潮际河豚等的卵巢。

众所周知，河豚含有剧毒。河豚的毒是一种名为河豚毒素的化合物，其毒性为氰化钾的数倍，尤以卵巢的毒素含量最高，如果是大型的红鳍东方鲀，其一个卵巢的毒素就可以导致约15人死亡。人类竟然会食用含有大量剧毒的河豚卵巢，真是太令人震惊了！

虽然世界之大无奇不有，但没有一个民族会特地去食用含有大量剧毒的河豚卵巢。虽然本书中也介绍了几种性命攸关的食物，但只有河豚卵巢具有毒性。只要一步走错，就会和这个世界说再见。

即便是屡屡自夸为"铁胃"的我，中了毒也会翘辫子。

可是在石川县，人们在土特产店就能买到糠渍河豚卵巢，自然也从未有人因此而食物中毒。那么毒去了哪里呢？其奥秘就藏在制造方法之中。

◆ 发酵消灭了剧毒！

制作糠渍河豚卵巢时，首先需从原料河豚中取出卵巢，加30%的盐进行腌制后放置约一年，在此期间每隔两三个月需要换一次盐重新腌制。之后去除少量盐，将河豚卵巢放入米糠，并加入少量曲子和沙丁鱼的盐腌汁，最后压上重物令其发酵及熟成两到三年。如此一来，便会发生不可思议的事情——腌制前卵巢中的大量河豚毒素全都消失不见了！

在腌制过程中，毒性消失分为两个阶段。第一阶段是在用盐腌制期间，一部分毒素和水分会一起从卵巢中流出，但卵巢内部的毒素因为附着在组织上，盐腌阶段结束后依然会大量残留。接着，桶里的米糠开始发挥作用。河豚卵巢被放入米糠中腌制后，其中的发酵菌（主要是乳酸菌）会进入卵巢内部并逐渐繁殖，1克正在发酵的腌渍米糠中就活跃着数亿个微生物，它们非常喜欢河豚的毒素，会贪婪地将这些毒素吞噬分解，将其变成氨、水和二氧化碳，这样一来毒素便会消失得干干净净。我把这个现象称为"解毒发酵"。当发酵微生物集体发挥作用时，河豚卵巢也会变成没有子弹的枪，成为安全的食品。

◆ 建议搭配茶泡饭食用

糠渍河豚卵巢的形状好似中等大小的茄子平铺，整体触感较硬，用手指按压触感紧绷而有弹力，呈微微泛黄的灰色，沉甸甸的。可将其切成薄片食用，切片后会看到其内侧呈耀眼又鲜艳的山吹色[8]，卵子密密麻麻地塞满了整个卵巢。

这道美食最适合作下酒菜和佐饭小菜。将其切成薄片放入嘴里后，酸味会瞬间在口中扩散，接着泛起咸味，咀嚼后便能感受到黏黏糊糊的卵巢美味，用锅底较浅的小锅将其煎至微焦后食用味道更佳。蛋白质会被发酵菌分解变成氨基酸，所以必然可口。

我最推荐的吃法是搭配茶泡饭食用。在刚煮好的米饭上放上河豚卵巢，加少许芥末酱和切碎的鸭儿芹，喜欢的话还可以撒上一些碎山椒粒，再浇上接近沸腾的热茶搅拌均匀。如此一来，米糠腌渍汁特有的发酵臭便会瞬间蔓延开来，那气味与其说臭，倒不如说带有一种古老的乡愁，能极大地唤起人的食欲。狼吞虎咽以后，口中弥漫着来自乳酸的酸味、米饭的甜味，还有微微的涩味，其中甚至还交织着卵巢的美味和醇厚之味。那是会真心让人觉得"啊，活着真好啊！"的瞬间。倒茶时也可以加一些黏糊糊的海带，更添风味。除了茶泡饭，把糠渍河豚卵巢放在饭团和意大利面里也很好吃。

8　山吹即棣棠花，颜色为浓郁的金黄色。

◆ 古人的伟大智慧

有件非常有趣的事，虽然我们都知道糠渍河豚卵巢已经通过解毒发酵使毒素消失了，但万一发酵不充分必定致死，所以无论如何，吃的时候脑海里都会不可避免地思考这个"万一"。当我们把一片卵巢放入嘴里安静地咀嚼时，会想着"或许我就要离开这个世界了"，大脑真的一片空白，感觉身体也变得轻飘飘，但又沉迷于这种紧张感。

不过古人竟然能利用智慧想出如此巧妙的方法去除可怕的剧毒，我对此依然倍感震惊。我们可以说这道料理是世界领先的发酵王国和食鱼大国的见证，堪称日本独有的奇珍之味。

但是制作糠渍河豚卵巢有很多诀窍，外行人可千万不能认为这很简单，觉得"我也可以一试"。

各种腌鱼方法

臭鱼干

剖开竹荚鱼

桶

（装有 350 年的腌渍汁）

因发酵而富含维生素和氨基酸

鲫鱼寿司

鲫鱼

重物

桶

重物压制熟成

保质期长、营养丰富、调理肠道效果出众

糠渍河豚卵巢

河豚

放入米糠中腌制，米糠里加有曲子和沙丁鱼的盐腌汁

发酵菌分解毒素

第1章 鱼类

第 2 章

——

调料

将鱼贝类加大量盐腌制后暂时静置的过程中，发酵微生物会发挥作用，使其散发出浓烈的臭味。此时鱼贝类会变成黏糊的液体，外观如同腐烂的汁水，而这正是制作美味料理时不可或缺的魔法水滴——鱼酱。

　　自古以来，世界各地都会制作带有地域特色的鱼酱，并在此基础上诞生了乡土料理。众所周知，鱼酱在饮食文化中的地位举足轻重，在很多地方，尤其是包括日本在内的东亚至东南亚一带有着非常重要的作用。

　　据说亚洲的鱼酱最早起源于中国。自古以来中国人都把以鱼贝类、鸟兽肉或大豆为原料制成的味噌[9]统称为"酱"。时至今日，大豆、小麦、鱼贝类等用盐进行发酵腌制而成的食物被称为"酱"，榨成液体后则为"酱油"，包括日本的大豆酱油。不过，酱油的"油"指的并不是油脂，而是黏稠丝滑的液体。用小虾做成的酱即虾酱，用鱼做成的酱即鱼酱。

◆ 世界各地的鱼酱

　　日本的鱼酱也被认为传自中国。在如今的日本，大豆酱油是主流，但某些地方的乡土料理中依然保留着鱼酱文化，比如秋田县的盐鱼汁[10]、香川县的玉筋鱼

9　日本一种浓稠而带咸味的酱。

10　日文为"しょっつる"，也常在此基础上音译为"Shottsuru"。

酱油等。一个地方如果有鱼酱，那必然有与之相配的锅料理[11]。最近，人们常常会在做意大利面和炒饭时加入鱼酱，或者把鱼酱作为腌白菜、日式辣白菜、松前酱菜等传统腌菜的调味料。

据古罗马文献记载，西欧也曾出现过名为"Liquamen"或"Garum"的鱼酱。这种鱼酱和醋在文献中被认为是世界上最古老的调料，但如今也只在欧洲和南美的部分地区依稀可以见到。日本人很熟悉的凤尾鱼酱也是稀有品种之一。如果要论臭味，那亚洲的食物无疑完胜。

接下来，我精选了几种很臭但美味的鱼酱介绍给大家。

盐鱼汁
臭味指数：★ ★ ★

盐鱼汁是日本代表性鱼酱之一，为秋田县特产，本是沿岸地区居民采用当季的鱼制作而成的。虽然制作方法各异，但基本上都是以日本叉牙鱼为原料，加入米饭、曲子、盐以及胡萝卜、芜菁、海带、柚子等调味料，然后放进桶里腌制，盖上盖子并压上重物密封制成。普通盐鱼汁需腌制两年，上等盐鱼汁则需要

11　又称锅物，指连锅带烹饪的菜品一起被端上餐桌的日本料理。

四到五年的时间进行发酵与熟成。

近年来，因日本叉牙鱼减少，人们改用沙丁鱼、小竹荚鱼、虾米和玉筋鱼等制作，只用到鱼和盐的情况也很常见。无论是哪种情况，鱼肉都会在腌制的数年间溶化，变成黏稠的汁液，过滤后加热杀菌即为盐鱼汁。

在发酵和熟成的数年间，原料鱼肉中的美味成分（氨基酸）会被提取出来，与此同时，发酵微生物（主要是耐盐性乳酸菌和酵母）也会发挥作用并生成特有的味道和气味，从而形成带有香气的天然发酵调料。熟成时间越长，盐鱼汁的醇厚感和芳香越浓郁。

虽然浓郁的香味听起来不错，但其实对于习惯食用大豆酱油的人来说，盐鱼汁的发酵臭味会显得过于浓烈，类似臭鱼干（第19页）的气味稍作稀释，所以建议缺少经验的人一开始先把它用作锅料理和煮菜的调味品。

◆ 全能调料：
从乡土料理到意大利面都是绝配

提起使用盐鱼汁烹制的料理，最为人所熟知的便要数秋田有名的盐鱼汁火锅和贝壳锅[12]了。将盐鱼汁放入炖菜、汤菜和锅料理中后，不仅几乎闻不到鱼酱

12　用贝壳代替锅烧菜。（译者注）

的臭味，还会瞬间唤起人的食欲，同时它能和其他食材完美融合，为料理增添更多风味，摇身一变成为使人食欲大增的调味料——这就是鱼酱的妙趣所在。让食物风味发生变化的秘密在于从盐鱼汁的原料鱼中提炼出的碱性臭气和氨基酸、缩氨酸、核酸等，这些元素在为食物增添风味的同时还能够起到除臭效果，放在锅里炖煮可以掩盖鱼的臭味。

了解了盐鱼汁的臭味与美味后，我们会发现它具有一种令人欲罢不能的魔力，而常用的植物酱油则显得有些美中不足。即便只是家常菜，如果觉得"似乎少了点什么味道"，那就可以加入盐鱼汁调味，也可以用它来煮乌冬面、拉面以及煮饭、炒饭、做意大利面等，同样非常美味。推荐大家在烤鱼前稍微滴一点盐鱼汁哦，如果吃得惯，在品尝鲷鱼和河豚等白肉鱼刺身时也请务必试试。

鱼汁
臭味指数：★★★

将鱿鱼肠用盐腌制后静置，利用耐盐乳酸菌和酵母促进发酵，约三年后过滤，即可得到漂亮的琥珀色汁液——鱼汁，也称Ishiri或Ishiru[13]，这是自古以来

---

13 "鱼汁"日文为"いしり"或"いしる"，"Ishiri"和"Ishiru"由二者音译而来。

能登半岛等日本海沿岸地区的居民所制作的传统鱼酱之一。

发酵的过程中，鱿鱼肠所含的蛋白质被分解，产生了大量的氨基酸和缩氨酸，所以其味道浓厚，十分鲜美。与此同时，蛋白质被甜菜碱和牛磺酸等发酵微生物分解，也产生了独特的浓烈气味。

这是一种具有民族特色的气味，并不像臭鱼干一样类似大便，或许更应该形容它为"性感"——对人有着极致的吸引力。它比较接近泰国的 nam pla 鱼酱（第46页）和越南的 nuoc mam 鱼酱（第44页），也有很多人将它与戈贡佐拉乳酪（第86页）和斯提尔顿奶酪（第85页）等蓝纹奶酪相类比，总之气味非常浓郁。煮菜和炒菜时只要加一点点鱼汁，就会让料理散发出独特的发酵气味，是美食家们欲罢不能的美味。也推荐大家加入锅料理中哦。

◇ **鱼汁让萝卜大变身！**

已故作家井上厦是鱼汁的狂热爱好者。我曾多次和他一同参加山形县西山町的农民研讨会，可他总是热衷于谈论鱼汁。井上先生是个彻头彻尾的夜猫子，他常常在家人已经沉入梦乡后的深夜写作，工作间隙就做些炒饭和炒面，并淋上一些鱼酱食用。他说这令他觉得非常开心，如果在深夜闻到鱼汁的气味，会不自觉地泛起微笑。真是个让人微笑的故事呢。

鱼汁有各种各样的食用方法，在此我为大家介绍其中非常有趣的一种，我们称之为"烤鱼酱腌制品"。做法是从米糠里挖出腌味噌萝卜，迅速将米糠冲洗干净，接着用布拭去萝卜表面的水汽，再用刷子涂上鱼酱，最后用炭火进行炙烤。这种将腌制品炙烤后再食用的方法怕是全世界独一无二的吧。

　　烤鱼酱腌制品的乐趣不限于此，你会发现吃的时候完全吃不出萝卜的味道！明明外观是萝卜，口感也是萝卜，可味道却是鱿鱼。其实萝卜的香味很重，但被用刷子抹在表面的鱿鱼肠发酵品（鱼酱）的味道所覆盖，变成了烤鱿鱼的味道。炙烤的气味也如此，闻上去就像是节庆时小摊上卖的那种烤鱿鱼。

　　吃进嘴里的是萝卜，尝到的味道却属于鱿鱼，这种感觉简直太不可思议了！一道菜色，两种美味，只要一小块就能让人轻松干掉两碗米饭。

越南鱼酱nuoc mam
臭味指数：★ ★ ★ ★

　　实际上，东南亚也有各种各样的鱼酱。接下来我为大家介绍两种具有代表性的东南亚鱼酱。

　　越南有一种鱼酱叫nuoc mam。"nuoc"在越南语中是液体的意思，"mam"则是鱼贝类发酵食品的统称，所以nuoc mam就是从鱼贝类发酵食品中获得的液体，即鱼酱。

越南不仅临海，还拥有很多河川，比如湄公河以及巨大的三角洲地带，因此它是海水鱼贝类和淡水鱼贝类的宝库，可以说是鱼酱制作强国。除了贝类、虾和蟹，还有些鱼酱以青蛙、小龙虾、乌龟等为原料。其中最常见的是在小杂鱼中加盐，经过8个月左右的发酵和熟成以后通过挤压过滤制成的nuoc mam。

nuoc mam对越南人来说是万能调料，除了能加入煮菜、炒菜和汤里调味，还被用于各种各样的料理，比如用作春卷的蘸汁、河粉的调料等。很多家庭都会在nuoc mam中加入大蒜、辣椒、越南藠头、青柠汁和砂糖等，然后将之作为自制酱汁nuoc charm使用，这和日本人制作大豆酱油类似。

就像日本人做酱油拌饭一样，越南人也会把nuoc mam直接放在米饭上，或者加进粥里做断奶食物，可以说的确是一种国民调料。

◆ nuoc mam 的制作方法

不过，不同于日本的大豆酱油，nuoc mam的气味相当浓烈，浓到甚至当汽车在路上行驶时，如果某处正在烹制nuoc mam，这辆车上的人都能闻到并顺着气味开到那里。我非常喜欢nuoc mam，受其气味吸引，曾特地前往它的发源地探访。不知道是第几次去越南旅行时，我在越南南部一个叫芹苴市的地方遇见了一种特殊的nuoc mam，它的原料是小型河蟹，采用一种原始方法制作，步骤如下。

首先，把两桶活河蟹倒入石臼，然后一边喊着嘿咻嘿咻，一边用棒球球棍般的粗棍用力地自上而下杵捣，将河蟹捣碎，中途多次加盐并继续杵捣和搅拌，石臼中的河蟹体液和盐就会变成黏糊状，而后将黏糊状物质倒入水桶里，再转移到瓮中。接下来不断重复以上步骤，即将活河蟹放入石臼、用棒子杵捣、将黏糊状物质转移到瓮中直至装满，然后进行8个月以上的发酵和熟成。据说市面上有些产品的发酵和熟成期甚至长达两到三年。

以这种方法制成的河蟹nuoc mam和普通的nuoc mam一样被用于各种料理，它浓缩了蟹肉的浓郁味道，非常好吃，但也非常臭。不过因为臭味与美味相辅相成，所以堪称绝佳美食。

泰国鱼酱 nam pla
臭味指数：★★★★

泰国人的餐桌上也有一种绝对少不了的鱼酱，那就是nam pla。在泰语中，"nam"是汁水的意思，"pla"则是鱼的意思。泰国鱼酱nam pla和越南鱼酱nuoc mam并列为东南亚的两大鱼酱，二者所用原料和制作方法也非常相似。

泰国的地理条件和越南相似，其南部临海，因为西部和东部有湄公河流经，所以除了沙丁鱼、小竹荚鱼和青花鱼等海产品外，还能捕获很多淡水鱼。人们把它们作为原料，用盐腌制进行发酵、熟成，取其液体过滤后进一步熟成，即制成鱼酱。具有代表性的泰国鱼酱就是 nam pla，据悉全泰国有近两百家生产制造 nam pla 的大型工厂。

　　nam pla 是泰国人餐桌上不可或缺的天然发酵调料，听说其气味比 nuoc mam 要更温和，但也很臭。虽然臭，但因富含鱼酱独有的氨基酸，所以也相当美味，加入炒菜和炸物中会增加料理的香味，着实让人着迷。最佳吃法是将其作为煮菜的高汤或者蘸汁。

第3章

———

肉类

羊血肠
臭味指数：★★★★

接下来为大家介绍我这个自诩羊肉发烧友的人迄今为止吃过最臭、最可怕的羊肉料理。

在蒙古国和中国的内蒙古自治区，人们以羊为原材料制作了各种各样的香肠。在日本，提起香肠，大多数人想到的应该都是灌肉肠，但我在此介绍的是血肠。"血肠"这个名字很像恐怖电影的标题，实际上它的味道和气味也浓得令人害怕。

蒙古人解剖羊的手法非常完美，羊血被分离装入容器后，也被用来烹制特别料理招待客人。人们会将羊血和蔬菜一起炒，或者把它倒进珍贵的大米（原生态大米）中一起煮，还经常将特殊的草药切碎和羊血混合在一起灌进香肠，然后一起蒸——以此制成血肠。

◆ 野兽和铁锈的气味？！

我当时在蒙古国吃的血肠直径约6厘米，长度约1米，被切成了每份长约10厘米的小块，切口呈深巧克力色，半固体状，触感松软。用小型蒙古刀把血肠切开后放入口中的瞬间，除了能感受到羊肉特有的羊膻味，还有一股铁锈般的血腥味直冲鼻腔。太出人意料了！我拼命忍住这令人作呕的感觉，同时小心翼翼地咀嚼着，这种黏糊且令人害怕的口感让我感到背后一凉，它的味道厚重且略咸，用一句话概括就是又臭又难吃！

但蒙古人宰了一头贵重的羊来招待客人，我不能吐出来，这种行为也是对羊的不礼貌。

野兽的味道和血的臭味让我有些意识不清，只一个劲儿地闭嘴咀嚼着，于是我嘴里的羊血变得黏黏糊糊的，如果不立刻咽下去的话几乎就要从嘴里喷出来。天哪，假如羊血从嘴里喷涌而出，那可真是恐怖电影了。

我鼓足勇气一口气吞了下去，但血块很难落进胃里，它在食道中不下反上，胃部完全拒绝接受。我努力强迫自己忽视额头上沁出的汗珠，勉强将它压进了胃里。

◆ 被大便吓了一跳！

我松了一口气，幸好没有出大事！这时坐在我旁边的蒙古人问我："好吃吗？"面对突如其来的提问，我稀里糊涂地笑着回答"好吃呀"，对方又说道，"是吗？那别客气，多吃些啊"。于是我陷入了无法拒绝的境地，只能一边用小刀切血肠，一边合上嘴继续吃，脸上在笑，心里在哭。我几乎觉得我流出的每一滴汗都散发着血的气味。

晚宴总算结束了，不过酣睡一晚后我改变了想法。第二天清晨，当我在大草原上舒畅地排便时，发生了令人非常震惊的事——我排出了黑如沥青的大便。难道是便血吗？！我吓得屁股都差点儿粘到黑色大便上。

回到日本后，我忧心忡忡地去拜访了认识的医生。医生告诉我这是食用动物血制品后的正常现象。也就是说，我的健康状况没有问题。

尽管一开始我对羊血肠有诸多困惑，但后来我多次前往蒙古国和中国内蒙古自治区时都受到了款待，不知为何就变得能吃下去了。所以每次到访的第二天清晨，我都会在大草原上畅快地拉黑色大便。

基维亚克
臭味指数：★★★★★以上

极寒的北极附近也有臭味指数达到5星的极臭食物。加拿大人和因纽特人的食物中有一种非常稀奇的腌制发酵食品，名为基维亚克。

部分加拿大人和部分因纽特人居住的贫瘠之地（Barren Grounds）[14]附近冬天非常寒冷，夏天只有短短的3个月左右且气温通常不高，所以不适合微生物生长，因此据说那里的人从不食用发酵食品。可实际

---

14 主要指位于加拿大努纳武特的广大苔原地区，也包括加拿大西北地区的东部。

上，那里的发酵食品简直令人闻风丧胆。

这种发酵食品的制作方法非常特别。首先，捕一只200—300公斤的巨型海豹作为食材，去除其肉、内脏和部分皮下脂肪后，取50—100只海雀塞入海豹腹中直至塞满，羽毛无需拔除——海雀是一种约比麻雀大两圈的海鸟。

待海豹的肚子被塞得鼓鼓囊囊后，用粗钓鱼线缝合其腹部，然后埋进土里，最后压上重物，这似乎是为了防止其被北极狐和白熊等动物吃掉。

海豹皮及厚厚的皮下脂肪中含有乳酸菌、丁酸菌和酵母等，两到三年后，这些菌类的发酵会促使海雀逐渐熟成。因为微生物只在夏天发挥作用，所以累计发酵时间实则仅为几个月，却形成了臭气熏天的腌制品。各位读者朋友能想象得到这究竟是一种怎样的食物吗？

如果你天真地以为吃基维亚克就像吃鱿鱼饭一样把海豹切成圆片即可，那么当你真的看到这种腌制品时可能会瞬间晕厥。

◆ 恐怖的吃法

发酵结束后将海豹从土里挖出来时，伴随着可怕的气味，令人震惊的画面映入眼帘——海豹已经溶化成黏糊状，其腹部等部位类似腌咸鱼肉，腹中的海雀因为羽毛没有发酵，外观基本维持原状，但海雀体内已因发酵而呈液体状，人们吃的也正是这些液体。食用方法并不是煮制或者烤制海雀肉，而是在拔掉海雀尾部的羽毛后，用嘴从露出的肛门处啾啾地吸出发酵的体液。

几年前，我曾有幸在格陵兰岛的因纽特人村里品尝过基维亚克。因为从海雀肛门吸出来的体液是海雀肉和海豹脂肪溶化发酵后形成的物质，所以味道醇厚且复杂，好比臭鱼干中混合了芝士及腌金枪鱼的味道。但那个气味可不简单啊，臭上加臭的感觉冲鼻而来，几乎可以用如下公式来形容：臭鱼干的气味＋鲫鱼寿司的气味＋代表性臭味奶酪戈贡佐拉乳酪的气味＋中国白酒的气味＋腐烂白果的气味＋大便的气味＝基维亚克的气味。如果皮肤沾染了基维亚克的汁液，那么这臭味一周都无法散去。

虽然一开始也曾因为气味太臭而犹豫过，但身经百战的我吃掉两三只基维亚克以后，反而被那股恶臭唤起了食欲，被发酵物特有的香气深深吸引并沉迷其中。据已故冒险家植村直己的手记记载，他在北极探险的旅途中也总是携带着基维亚克，除了从肛门吸出体液外，他还会吃海雀的皮和肉、嗑肋骨等。他在手记中写道："（因纽特）年轻姑娘们用嘴吸食海雀的肛门，嘴边全都是黑色的血。我看到她们边剥皮边吃的场景真的相当震惊。"

植村先生还提到，正是因为有了基维亚克，他才

基维亚克

富含通过发酵产生的维生素，
是人类在北极圈的重要营养来源。

肛门

海雀

海豹

能独自旅行直到抵达北极点。

◆ 智慧发酵：用基维亚克补充维生素

基维亚克还是一种很重要的调料。因纽特人虽惯食海象、海豹、鲸鱼和驯鹿等动物的生肉，但并不会将之与基维亚克同食。不过人们会将肉类煮熟后搭配基维亚克一起吃，这是因为基维亚克作为一种发酵食品，富含发酵菌所产生的各种维生素。由于肉类加热后会流失维生素类，而基维亚克恰好可以作为补充，所以人们将两者同食，可谓一种非常合理的饮食方法。

除了基维亚克，北极圈还有其他类似的腌制品。比如，在北西伯利亚，人们将秋天捕获的一部分鱼埋进土里保存，作为冬季到春季的重要蛋白质来源；又比如在楚科奇半岛，人们会把海象肉缝进皮袋里然后放入洞中保存，待发酵后食用；据说在堪察加半岛甚至还有人把鱼卵放进土壤和皮袋中发酵。以上这些食物作为下酒菜都很美味，不过每一种都臭得要命。

在这种无法通过新鲜蔬菜和水果补充维生素的生活环境中，人们通过发酵的方式利用微生物制造出维生素，从而为人体提供能量，诸如此类的智慧发酵丰富了世界各地人们的生活，令人十分感动。

第4章

——

大豆制品

拉丝纳豆
臭味指数：★★★★

超市货架上摆放的纳豆一般都是拉丝纳豆，即越用筷子搅拌越会黏得拉丝的纳豆。

导致纳豆产生黏性的是一种名为纳豆菌的发酵微生物，人们将蒸熟的大豆用稻草包裹起来保温，稻草中的纳豆菌一边分解大豆中的蛋白质一边拼命繁殖，便形成了具有独特黏性和臭味的拉丝纳豆。

如今人们几乎已经不再使用稻草做拉丝纳豆，而是将培养的纳豆菌加入大豆中进行大量生产。

在日本，拉丝纳豆的出现被认为是平安时代至室町时代的事情。进入江户时代以后，城里卖纳豆的小贩一大早就会开始沿街叫卖。直到今天，纳豆依然是平民不可或缺的美味，备受人们喜爱。

◆ 米饭的超级搭档：味噌汤和纳豆

大豆发酵食品的营养价值极高，功效不可估量，随着拉丝纳豆的普及，日本人的早餐餐桌上便也出现了两大大豆发酵食品——味噌汤和纳豆。将二者称为"日本饮食更新换代之作"也不为过。

总之，拉丝纳豆的蛋白质含量比大豆更为丰富，100克拉丝纳豆中的蛋白质含量与牛肉相比也毫不逊色。日本人不太吃肉，其所摄入的蛋白质几乎都来源于大豆制品，因此蛋白质含量比大豆更高的拉丝纳豆对日本人来说有着十分重要的价值。

与此同时，拉丝纳豆还是很好的维生素补给源。它含有丰富的维生素 B_1、B_2、B_3 和 B_6 等，其中维生素 B_2 的含量是大豆的7倍还要多，并且还含有钙、钾、锌等重要的矿物质。这些成分不仅对从前只吃粗茶淡饭的日本人来说很重要，对容易偏食的现代人来说也不可或缺。

除了能够补充营养，拉丝纳豆也非常符合日本人的饮食习惯。

西欧人把主食小麦磨成粉以后烤着吃，属于粉食型民族，而日本人则保持主食大米原始的颗粒形状直接将其烹煮而食，属于粒食型民族。纳豆作为一种粒食型食品，被日本人用来与米饭同食非常合理。

◆ 纳豆菌的良好效果

此外，拉丝纳豆非常容易被消化和吸收，所以很适合习惯吃早餐的日本人。米饭搭配纳豆的组合，大多数人都会吃得狼吞虎咽，因为纳豆滑溜溜的，口感非常不错。而且拉丝纳豆富含消化酶，能够有效分解蛋白质和淀粉，所以即便没有充分咀嚼，也不会对胃肠道造成很大负担。

最近，拉丝纳豆的保健效果备受瞩目。除了含有能有效预防血栓的纳豆激酶和抑制血压上升的酶（血管紧张素转换酶抑制剂）外，纳豆菌还能强有力地杀死外来的病原菌。

例如，当病原菌O157[15]流行时，我的研究室和发酵公司的研究所联合进行了一项实验，将纳豆菌和病原性大肠杆菌放入实验室培养皿中进行"斗争"，最后发现纳豆菌竟然百战百胜，可见其力量非常强悍。纳豆的臭味主要来自纳豆菌产生的一种叫川芎嗪的物质。

◆ 日本以外也有纳豆

除了日本，其他国家也有拉丝纳豆。基本上，只要是同时种植水稻和大豆的地区，大概率都有纳豆。因为稻草中含有很多纳豆菌，所以煮熟的大豆即便只是偶然被放在稻草上，纳豆菌也会不断繁殖，并自然而然地产生纳豆。

因此，如果前往以大米和大豆为主食的东亚和东南亚国家，那么无论是在街区的市场还是在乡间的小路上，都能常常见到拉丝纳豆的身影。

在中国黄河流域以南的地区，尤其是云南省的布朗族、苗族以及广西壮族自治区的壮族，纳豆被广泛食用，它在云南省又被称为"豆豉"。中国人还会将豆豉油炸后食用，这样的做法也很香很美味。

15　一种肠道出血性大肠杆菌。

泰国北部至缅甸掸邦高原地区有一种干货纳豆，名为Thua Nao。人们把煮过的大豆置于没有盐的条件下发酵数日，将其捣碎后再捏成薄薄的圆盘状，干燥后即成。它可以油炸食用，也可以磨成粉作为调料。

　　除了Thua Nao，缅甸掸邦还有一种纳豆，叫Pepotte。此外，喜马拉雅山脉东部的尼泊尔、不丹和印度的锡金邦有Kinema，印度北部与缅甸接壤的那加兰邦有Akhuni。

　　韩国的拉丝纳豆被称为清曲酱。和日本的拉丝纳豆一样，清曲酱是用稻草包裹煮熟的大豆制成的，很多人会将它做成汤食用。

　　如上所述，其他国家大多是把纳豆和蔬菜、肉、河鱼等一起加热烹制，几乎不会像日本一样把拉丝纳豆放到米饭上吃。原因纷繁，其中之一应该是大米的不同。中国南方和东南亚的大米主要是黏性较弱的籼米，而日本的大米则为黏性较强的粳米，与黏糊糊的拉丝纳豆是绝配。

　　吃拉丝纳豆前用力搅拌拉出更多的丝会让纳豆变得更好吃。为了增加拉丝纳豆的黏性，在放入酱油和佐料前一定要多多搅拌。

　　注意：正在服用抗凝药华法林的朋友请遵医嘱食用。

纳豆的朋友们

韩国

清曲酱
做成汤

日本

拉丝纳豆
放在米饭上

中国

豆豉
油炸

缅甸

Thua Nao
用作调料

腐乳
臭味指数：★★★★★以上

"腐乳"意为腐烂的乳，是个看起来就很臭的名字。想必各位读者朋友单单看到这个名字就会兴奋地猜测这到底是一种怎样的食物吧？

因为是腐烂的乳，所以是酸奶？

似乎也有人这样猜测，但很遗憾并非如此。腐乳是中国的一种豆腐发酵食品。

◆ 发酵就不会腐烂

豆腐本是容易腐烂的食品，但发酵后就不会腐烂，做成腐乳也是为了延长其保质期。有意思的是，腐乳明明不会腐烂，但名字里却带了一个"腐"字。

豆腐发源于中国，种类非常丰富，其中最独具特色的就是腐乳。中国腐乳的制作步骤如下。

首先制作水分较少的硬豆腐，然后将硬豆腐切成适当大小，放入蒸笼蒸熟后叠放在铺有稻草的地上。约一周后豆腐表面会发霉，接着把豆腐放入盐水（含盐量约20%）中腌制，去除霉斑，然后将其装入罐中，洒上白酒，最后用竹皮和绳子把罐子的盖子密封起来，埋入泥土中发酵熟成，1到2个月后即制作完成。

豆腐在发酵过程中除了会产生酸味，还会产生类似奶酪的强烈的丁酸臭，臭到如果是第一次见到这种珍品豆腐的人，单单闻到那气味就会捂住鼻子逃跑吧。

但是，如果你不害怕那气味，试着去尝尝看，便一定会为它如奶油般柔和得惊人的口感深深感动，那味道咸咸的，又十分浓郁。

◇ 东方奶酪

腐乳在西方也被称为"东方奶酪""中国奶酪"，它的气味和口感的确和卡门贝尔奶酪有共通之处。一旦习惯了它的气味，定会沉迷其中。

在中国，人们通常将腐乳搭配早餐的粥一起吃，和粥分开它就是小菜，放入粥里就变成了调料。除此之外，也可以将它捣成糊状放入火锅，或者加进炒菜里，都很美味。其独特的发酵臭味和浓郁味道非常适合中华料理。

如果选择日式吃法，那就推荐大家将腐乳与纳豆同食。人们常说它俩是"臭味相投的朋友"，这两种臭味食物可以凭借其相似的特性进行完美组合。

臭豆腐
臭味指数：★ ★ ★ ★ ★ 以上

接下来为大家介绍另一种豆腐，它拥有一个直截了当得仿佛就是为本书而生的名字——臭豆腐。还未入口，光看名字仿佛就已臭气熏天了。

腐乳和血豆腐虽然也很臭，但在豆腐上冠一个"臭"字的食物真的恶臭扑鼻，臭豆腐浓烈的臭味不仅完胜所有豆腐，在众多发酵食品中也能名列前五。总之它简直臭得惊人，好比把臭鱼干、鲫鱼寿司和踩碎的白果放在一起，再加上臭鱼干腌渍汁、粪肥和大便的气味，天哪，真是臭得气壮山河——虽然这个比喻好像略显夸张，但对喜欢臭味食物的我来说却是最好的称赞。

◆ 发酵菌的繁殖战斗

臭豆腐是一种发酵豆腐，在中国的浙江省、福建省等地被广泛食用。其制作方法虽然与同为发酵豆腐的腐乳（第66页）很相似，但臭豆腐有两种类型：一种是先利用纳豆菌和丁酸菌将豆腐发酵，然后将其浸入发酵的腌渍汁中进行发酵熟成；另一种是利用丁酸菌、乳酸菌、纳豆菌和丙酸菌等先让气味浓烈的腌渍汁发酵，然后把豆腐浸入发酵的腌渍汁中。因为腌渍汁中有食盐，所以发酵菌会聚在一起反复展开繁殖战斗，进而产生剧烈的臭味。因为浸入了巨臭的腌渍汁，制成的豆腐自然气味浓烈，若腌制一年则气味会更浓重。

我第一次吃臭豆腐是很久以前的事了。当时我去了中国台湾的台南市，我告诉出租车司机想吃臭豆腐，司机说最好吃的臭豆腐专卖店在民族路，并把我带到了那里。民族路自台南市西门圆环的边角起延伸约900米，到了晚上，这条路的两侧会有超过100家小店出摊，其中就有好几家臭豆腐店。

出租车开到附近后，我正要下车，一股难以言说的气味便飘了过来。我对司机说"好臭啊"，司机告诉我，这里的臭豆腐比中国大陆的臭豆腐更臭，如果上风处有臭豆腐店，那么下风处的人根本待不下去。听说有些当地人都难以下咽，哇，我期待的心情瞬间达到了顶点！

◆ 发酵魔法？！

进入那家店以后，果然和传闻中一样，浓重的臭味四处弥漫着。我点了推荐的臭豆腐，随后被切成4厘米见方的油炸臭豆腐端上了桌。我给热气腾腾的臭豆腐淋上芥末酱油，呼呼吹凉后将其放入口中，却发出了意料之外的一声惊叹——"欸？"。彼时店里飘浮的恶臭仿佛变成了骗局，而炸好的臭豆腐变得香气四溢，口感勾人食欲，且非常美味。我记得当时虽然略微有些失望，但还是仔细品味了一番，那感觉就像野兽成了美女，地狱成了天堂。那臭味究竟为何在一瞬间变成了勾人食欲的气味呢？其实是发酵施的魔法。总之，那是一段非常不可思议的经历。

在中国，似乎也有美食家把臭烘烘的臭豆腐当作下酒菜，作为一个喜欢臭味食物的人，我对此深表理解。可出人意料的是，臭豆腐最为寻常的吃法竟然是在早餐时作为粥的配菜。我觉得从早上开始就吃这么臭的东西真是匪夷所思，但在粥里放上几小块臭豆腐，然后用筷子夹一点点和着粥一起吃，当真十分美味，而且如果吃习惯了，那气味会令食欲大大增加吧。

◆ 最棒的滋补食品

臭豆腐中富含发酵菌产生的B族维生素（B_1、B_2、B_6、泛酸、烟酸等）以及有助于强化肝脏和缓解疲劳的各种活性肽。因此，当夏日倦怠和身体状况不佳导致没有食欲时，加有臭豆腐的粥一定是最棒的滋补食品。

我曾试过将臭豆腐与纳豆同食，味道果然也很不错！它们都是大豆发酵食品，所以非常适配，各自的臭味完美融合在一起，就成了臭得很"优秀"的下酒菜。不过我要补充一句，如果你不太喜欢这种味道，那就不太可能接受这道佳肴。

第5章

———

蔬菜类

白果
臭味指数：
★ ★ ★ ★ ★ （带壳）
★ （不带壳）

前文中多次出现"踩烂白果时的气味"这一表述，我经常会在形容浓烈的臭味时使用这个比喻。我深刻地记得，小时候玩耍时常常会不小心踩烂白果，然后白果就会散发出像大便一样的剧臭，而我对之束手无策，踩烂的白果臭得几乎给我留下了心理阴影。

有时候，我们也能在城市的街道上闻到这种气味。正如大家所知，白果是银杏的种子。晚秋时节，白果掉落，于是在那些行道树是银杏的地方，经常会发生路人不小心踩到白果的"事故"。踩到的人的悲剧自不必说，被踩烂的白果则会散发出剧臭而后四处弥漫。

◆ 气味的来源

白果的气味主要来自丁酸、己酸、戊酸等成分，它们存在于白果的肉质外种皮中。一旦踩烂白果就会导致其外种皮破损，恶臭成分悉数释放。

所以，只要去除肉质外种皮，味道就会消失，但剥皮时必须和臭味做斗争，而且臭味成分一旦沾到皮肤上便有可能导致皮肤红肿，从前的人们定然为此饱受苦楚。不过人类"想吃"的欲望最终催生了伟大的智慧，不知从什么时候开始，人们发现把白果埋进土壤中其外种皮就会自然脱落，剥皮也就变得很容易了。

为什么把白果埋进土里就会更容易剥皮呢？这是因为土壤中的微生物破坏了白果的皮组织。不过挖出来时还是要对气味做好心理准备。

去皮以后就会露出橄榄球形状的白果，用水清洗后再将之干燥，即可食用。

◆ 种子之王

食用白果时，先在外壳划几道痕，然后将其放入焙烙[16]或放在铁丝网上烤，敲开硬壳后取出果仁，接着去除薄薄的内皮，即可作为食材。最简单也最美味的食用方法是抹上盐后串烤，其味道堪称"种子之王"。如果把白果放入什锦火锅、茶碗蒸[17]、土瓶蒸[18]或者什锦菜饭中，不仅颜色很漂亮，也会更有嚼劲，苦味和其他若干气味则成了点缀，使口感更为突出。

白果富含淀粉、蛋白质、脂肪、卵磷脂、维生素、矿物质、麦角固醇（维生素D前体）等，是一种营养丰富的种子。

---

16   一种日本陶罐。（译者注）
17   以小茶杯为容器的日本蒸鸡蛋料理。
18   以陶土壶为容器的日本蒸料理。

大蒜
臭味指数：★★★★★以上

大蒜很臭已是众所周知的事实，但即便在臭味食物中，它也算得上"臭味昭著"，吃了大蒜的人连呼吸都是臭的。如果前一天晚餐吃了很多大蒜，那么直到第二天早上臭味也无法散去。虽然吃大蒜的人吃得很惬意，但周围的人却被臭得想远远逃离。我想不到任何食物能与之"媲美"，至少可以说它在植物系食材中是当之无愧的"臭中之王"。

可人们历来都在食用这么臭的食物，其中定有缘由。

对大蒜而言，首要原因便是它是提升料理风味所必不可少的食材。

某位知名的美食达人曾说过："闻到大蒜臭味的人不了解大蒜的美味。"对此说法我举双手赞成，因为在鼻子闻到臭味之前，喜欢大蒜的人已经把大蒜放入口中了。

◆ 备受全世界喜爱的大蒜

我曾去过世界上很多地方，也遇到过很多美味的大蒜料理。比如我会在第94页介绍的韩国泡菜，还有泰国一种名为"Nam phrik"的沙拉，这种沙拉是把一种叫参峇辣椒酱的酱料淋到蔬菜上后食用的。参峇辣椒酱又臭又好吃，做法是将生大蒜、生辣椒混合虾酱、泰国鱼酱nam pla一同放进研钵里捣碎，再加入柠檬汁和砂糖。沙拉里有豌豆和菠菜等，还加入了韭菜等臭味蔬菜，这种料理又辣又臭又好吃，让人欲罢不能。

我曾经在西班牙维多利亚街的一家居酒屋吃了很多烤蒜腌猪腰肉，以之作为西班牙产红酒的下酒菜。烤蒜腌猪腰肉的做法是将大量大蒜捣碎后加入约两大勺磨碎的干燥牛至（唇形科的香味草），再加入黑胡椒粉和盐，以水浸泡后腌制猪腰肉，再放置一晚上后进行烤制。这道料理是 份套餐，还包括一份米加斯（面包屑），做法是用橄榄油把大蒜煎至微焦的黄褐色，再以面包屑吸收蒜油。

我在吃到这道大蒜料理时非常感动，甚至还请来了厨师与他握手。那位厨师很高兴，当时我没有点其他菜，他便送了我一道辣味香肠——一种加了辣椒粉和大蒜的猪肉肠。厨师说："既然你这么喜欢大蒜，那就请尝尝这道香肠吧，是我的拿手好菜呢！"猪肉肠中加了很多大蒜，于是大蒜味和臭味扑面而来，这味道又和猪肉的鲜美及肥肉的浓郁相辅相成，完全让人无法抗拒。

◆ 令人感动的大蒜黄油

在芬兰首都赫尔辛基的酒店用晚餐时，做法更简单的大蒜曾让我感动不已。当时晚餐的主食是奶油炖淡水鱼，可我更喜欢的是面包上抹的大蒜黄油，大蒜的风味和黄油的咸味与浓厚完美融合，特别好吃。我记得当时我把淡水鱼抛之脑后，反而以抹了黄油的面包作为下酒菜来配红酒。

我自己也常做大蒜黄油，然后把带一点焦香的大蒜黄油抹在烤得香香脆脆的面包上吃。黄油、大蒜和面包的香味融为一体，令人嗅觉大动，嘴里也软绵绵的。总之，大蒜拥有一种魔法气味，无论何时都能振奋食欲。

◇ 鲣鱼和大蒜

世界上有很多美味的大蒜料理，日本自然也不例外。

福岛县小名滨港附近有一家旅馆供应的鲣鱼刺身非常美味，动筷子前只是看上一眼就令人垂涎欲滴。新鲜的鲣鱼刺身整齐地摆在大盘子里，上面铺着几百片大蒜，我喜不自胜，一口接一口地狼吞虎咽起来，吃得两颊鼓鼓。无论是做刺身还是炙烤，人们在烹制生鲣鱼时都必定会使用大量的大蒜，因为生姜去腥的力道不足，大蒜才够味。

土佐的著名乡土料理烤鲣鱼也是如此。每当鲣鱼收获的时节，人们都会旁若无人地尽情以大蒜和鲣鱼大饱口福。如此一来，从嘴巴到食道、胃部等部位都会被大蒜的气味充满，令人感到发自内心的幸福——

偶尔有这样的一天也能被原谅吧?

◆ 大蒜作药

在从前的日本,相较以大蒜为佐料,人们似乎更常将其用作民间药物。用法是把大蒜瓣敷在伤口上,或者在感冒时吃些烤大蒜促进发汗,也不乏在进入伏天时用生大蒜和红豆粒(小豆)泡水喝就能免除疾病的说法,还有在农家门口悬挂大蒜以免疾除魔的风俗。这些方法的有效性不得而知,但可以看出大蒜被人们视作一种很特别的食物。

大蒜还是人们熟知的强精剂。这并非完全没有科学依据,因为葱类植物一般富含含硫化合物和含磷化合物,这些成分有利于提高身心活力。

我曾去过中国新疆维吾尔自治区和塔吉克斯坦、吉尔吉斯斯坦一带的干货店,发现那里几乎所有店家都把风干得脆脆的大蒜挂在店里的补药区。除了大蒜,店里还出售蛇干和蜥蜴干等干货,据店主所说,"把干蒜、干蛇和干蜥蜴磨成粉混在一起喝下去,立刻就会元气满满"。

最后让我教大家一个简单的大蒜食谱吧。先在平底锅中放入黄油(一大勺),待黄油滋滋融化后,放入约20片大蒜片(去除薄皮的白色小片),加热至表面略焦,然后加入去壳的蛤蜊翻炒,起锅前加盐、胡椒等个人喜欢的调料进行调味,最后撒上欧芹末即可。这是一道味道极其丰富的佳肴，大蒜的甜味和臭味与欧芹的浓厚美味非常相配。

行者大蒜
臭味指数：★★★★★以上

行者大蒜是百合科多年生草本植物，是日本北海道、东北地区和长野县一带的时鲜之一，在北海道地区也被称为"阿依努葱"。行者大蒜从生长发育到能够收割需要数年时间，因为还存在滥采，所以野生的行者大蒜逐渐消失。市面上出售的行者大蒜大多为人工栽培，臭味和美味当然不及野生。

无论如何，行者大蒜是一个意味深长的名字，其由来似乎有两种说法。因为它在北海道和日本东北地区以外的地方只生长于高山，所以一说它是在深山修行的人，即山岳信仰行者为了苦修而食用之物；二说由于行者所食若过于滋补则会阻碍修行，所以它被禁止食用。但无论二者孰真孰假，都体现出了行者大蒜能让人增长力气的性质。

◆ 上佳之味

虽然行者大蒜的臭味和大蒜属于同一类型，但它的臭味程度约为大蒜的两倍，一点点叶子就会涌出大蒜臭，球茎也有很浓的味道，但同时它又拥有上佳之味，尤其烹制以后会产生甜味，堪称优秀。

厚厚的叶子除了可以用酱油腌制，还可以汆水后做凉拌菜、饺子馅、拌菜和醋腌菜，直接将生的叶子用作汤料也很美味。最好吃的方法是将生球茎蘸一些味噌直接吃，或者在花谢后嫩芽饱满时做上一大盘也不错。

行者大蒜很适合搭配酱油食用。每年鲣鱼时节，北海道的熟人朋友都会给我寄来行者大蒜，收到以后我会立刻将其用酱油腌制，四五天后用鲣鱼刺身卷着腌好的行者大蒜吃，这就是所谓的"鲣鱼刺身高级吃法"，实在是非比寻常的美味。

韭菜
臭味指数：★★★★

韭菜，俗称"握住的屁"。我想很多人都在小时候用手接过自己的屁，然后玩闹着放到朋友的鼻子旁边吧？这就是"握住的屁"。这一俗称意味着韭菜的臭真的不是一般的臭！

我们用阈值来表示气味的强度，韭菜气味中大量存在的甲硫醇的阈值为0.002ppm[19]，这意味着它散发的气味十分浓烈，即便微量也能致人晕厥。

19　百万分比浓度，表示溶质质量占全部溶液质量的百万分比。

◆ 最适合去除肉的臭味

但正因为臭，韭菜才有价值。韭菜特有的臭味能够非常有效地去除肉类的臭味，代表性料理就是韭菜炒猪肝。人们常常会把大葱、冬葱和猪肝放在一起炒，但猪肝浓重的臭味无法消除。韭菜却可以做到这一点，而且把韭菜和猪肝放在一起炒时，隐藏在韭菜臭味中的甜味和其他气味会发挥作用，让这道菜变身为美味料理。韭菜和猪肝永远都是最佳搭档。

此外，烹制饺子、春卷、泡菜、煎饼等料理时，韭菜也是一种不可或缺的蔬菜。

日本韭菜料理中的蛋花汤、鸡蛋高汤、白肉鱼高汤等都非常美味，而最美味的韭菜料理则要数韭菜粥，在土锅内用高汤煮粥并加入满满的韭菜，便能完美发挥韭菜臭味的作用。

第6章

——

奶酪类

斯提尔顿奶酪
臭味指数：★★★★★

产自英国的斯提尔顿奶酪与后文中将会出现的戈贡佐拉乳酪、罗克福奶酪并称"世界三大蓝纹奶酪"。

斯提尔顿奶酪的特征在于用乳酸菌将牛奶发酵以后，再利用青霉菌（娄地青霉）让牛奶熟成，这种做法让熟成自奶酪内部开始，从而形成独特的风味。换言之，青霉菌会分解牛奶中所含的蛋白质，产生美味成分（氨基酸）并促进熟成，同时还会分解乳脂，并产生特有的气味。

只有在遵守欧盟规定（PDO，原产地名称保护制度）的地域按照符合规定的制造方法生产制造的奶酪才能享有"斯提尔顿"这个名称，这种奶酪如今仅由英国三个县的六家制造工厂产出。

◆ 可食用的霉

虽然斯提尔顿奶酪的味道在蓝纹奶酪中偏柔和，但放进嘴里会觉得很黏糊，有刺舌的火辣感，而后又会涌现出极其深厚的浓醇感。总之，它的气味比较浓郁，是具有代表性的蓝纹奶酪之一。

斯提尔顿奶酪表面分布着大理石花纹状的青霉，奶酪爱好者应该甚是喜欢，但恐怕不喜欢的人会觉得它颇为怪异。这种青霉对健康固然无害，但的确是一种叫人喜憎分明的食物。

尤其是日本人在历史上并没有食用奶制品的习惯，所以从前大概只有美食家会去吃这样的奶酪，不过最近掀起的红酒热潮倒是起到了推波助澜的作用，让越来越多的人开始主动尝试并爱上了奶酪。

另外，斯提尔顿还是一种国民奶酪，据说其原产地英国的女王伊丽莎白每天都会吃。圣诞节时，斯提尔顿奶酪与波特酒更是固定搭配。

此外，还有不使用青霉的新鲜白色斯提尔顿奶酪。

戈贡佐拉乳酪
臭味指数：★★★★

戈贡佐拉乳酪是一种产自意大利的蓝纹奶酪，做法同斯提尔顿奶酪，均为牛奶发酵后加入青霉（娄地青霉），熟成即可。

据说"戈贡佐拉"这个名字约诞生于1000年前，当时牧牛人在夏天的阿尔卑斯山脉放牧，途中恰好去到了意大利北部的戈贡佐拉村，村民们都认为用牛奶做的奶酪柔软又好吃。该奶酪如今遵循意大利的原产地名称保护制度（DOP），生产地受到法律限制。

在蓝纹奶酪中，戈贡佐拉乳酪的青霉味比较柔和，更容易入口。尤其是偏甜的戈贡佐拉乳酪，其青霉和盐分的含量较少，甜味淡淡的，湿润且柔软，如果你是第一次品尝青霉类型的奶酪，建议试试这种哦。

与之相对，偏辣的戈贡佐拉乳酪则因为添加了很多青霉而拥有青霉臭味，放入口中后会有刺舌般的感觉。因为比较辣，人们常常将其作为香辛料加入意大利面、意大利式肉汁烩饭和比萨等料理中，也有不少人因被青霉风味和辣味吸引而沉迷其中。

罗克福奶酪
臭味指数：★★★★

"世界三大蓝纹奶酪"中的第三种是产自法国的罗克福奶酪。它是三大蓝纹奶酪中唯一一种以羊奶为原料制作的奶酪，因为它负有盛名、历史悠久且质量极好，所以被誉为"蓝纹奶酪之王"。

罗克福奶酪历史悠久，长期以来人们都是利用法国罗克福村一个岩山洞窟里的青霉（娄地青霉）来使奶酪熟成，如今依然只有使用那个洞窟的青霉熟成并按照规定方法制造的奶酪才可以冠名"罗克福"（AOC，法国原产地命名控制）。

罗克福奶酪味道十分浓醇，白色的表皮部分口感丝滑，青霉部分口感粗糙，咸味重，带有刺激性气味。这种特有的强烈气味由青霉分解乳脂产生，能够有效去除羊奶的膻味，使罗克福奶酪成了行家里手的心头好。

无论如何，罗克福奶酪在蓝纹奶酪中属于味道偏重的类型，因此对新手来说恐怕有些难以接受。但很多人在吃过各种各样的蓝纹奶酪并习惯其风味后便能领略罗克福奶酪的魅力，一旦沉迷其中就会爱不释手，真是太不可思议了。

切达奶酪
臭味指数：★★★★★以上

在臭味奶酪排行榜中，我一贯把新西兰产的切达奶酪排在第一位。迄今为止，在我吃过的各种食物中，切达奶酪的臭味实在是数一数二，气味浓度检测仪器的测定结果也从科学角度印证了这一点。

我在前文（第10页）中提到过用气味浓度检测仪器测定的臭味食物排名，在此重复一下：第1名是鲱鱼罐头，第2名是洪鱼脍，第3名是切达奶酪，第4名是基维亚克，第5名是烤臭鱼干，第6名是鲫鱼寿司，第7名是纳豆。

◆ 世界最强奶酪罐头

总之，切达奶酪的臭味超过了臭鱼干和鲫鱼寿司，排名列入前三。它和第1名鲱鱼罐头的共通点在于均在罐头中进行熟成，只是鲱鱼罐头是用鲱鱼制成的罐头，而切达奶酪则是用奶酪制成的罐头。

同鲱鱼罐头一样，切达奶酪罐内乳酸菌发酵所产生的二氧化碳、硫化氢等气体会导致罐体膨胀，使罐头看上去就像快要爆炸一般。实际上，当我们打开罐头时，罐内的浓烈气体会瞬间喷涌而出，如果直面几乎会令人头晕目眩。

总之，切达奶酪拥有其他奶酪所没有的气味，无比特殊而又超级恐怖。但如果你爱上了切达奶酪的气味，就会觉得蓝纹奶酪的气味变得有些美中不足，而切达奶酪带有浓浓的酸味，且极具醇厚感，保证会令人着迷。

第7章

———

腌制品类

腌萝卜
臭味指数： ★★★★

腌萝卜的气味非常可怕。我记得以前带去学校的便当里如果放有两到三片腌萝卜，那么在去学校的火车和巴士上，那股像屁一样的味道便会四处弥漫，让我感到非常羞耻。

腌萝卜的臭味来自前文中多次提及过的硫黄硫化化合物军团（具有挥发性的硫化氢、硫醇类、二硫化物类和二甲基二硫化物等）。萝卜本身就含有很多含硫化合物，如果用米糠腌制，这些化合物便会在发酵过程中变成挥发性硫黄硫化化合物军团并飞散，所以会散发出很浓烈的臭味。人类的屁中也含有高浓度的挥发性硫黄硫化化合物，所以腌萝卜的气味自然与屁很相似。

我去宫崎县农村的时候曾经看到过村民们把成千上万根萝卜用绳子悬挂起来晾晒的场景。据说是当地的工厂为生产制作腌萝卜而晾晒的，那画面实在有意思极了，让我想起小时候常常见到的原生态风景，令人颇为感动。

最近人们制作腌萝卜时不再晾晒，而主要采用加盐后压上重物的方法，但通过晾晒制成的腌萝卜才是极品啊，绝佳的味道和气味自不必说，别具一格的酥脆口感更让人欲罢不能。据说近来日本人咀嚼能力有所下降，所以还是希望能够恢复通过晾晒制作腌萝卜的方法，让大家多多食用以锻炼下巴的肌肉，从而过得更加快活。

下面为大家介绍一道我个人非常推荐的腌萝卜料理。首先将腌制许久的萝卜切成厚厚的圆片，再稍微煮一下去除盐分，这是保留腌萝卜的酸味的诀窍。煮完以后把腌萝卜放进锅里，撒上一些小白鱼干，再加入浓郁的高汤炖煮，最后将炖好后的食物盛到小盘子里撒上七味粉[20]，如此一道田园风味的下酒菜便做好了。

泡菜
臭味指数：★★★★

世界上许多地方都有泡菜，我在这里讲的泡菜主要是指朝鲜半岛流传至今的一种代表性蔬菜发酵食品。昭和五十年[21]以后，日本的泡菜销量快速增加，如今已成了腌制品中最有人气的商品。虽然在腌制品大国日本盛行韩国泡菜有些奇怪，但美食到哪里都是美食啊！泡菜尤其适合配白米饭吃，深受人们喜爱也是理所当然。虽然有些年轻人觉得米糠腌制的食物很臭，所以对其敬而远之，但他们似乎也非常喜欢泡菜

20　日本料理中一种以辣椒为主要原料的调味料，以辣椒和另外六种不同的香辛料配制而成。

21　1975年。（译者注）

的气味，总会开心地大吃特吃起来。

泡菜的气味主要源于香辛料大蒜的成分以及发酵过程中产生的发酵臭。

提起泡菜，人们首先想到的便是辣椒的红色，但实际上人们最初制作泡菜时并未使用辣椒，而是在咸味的基础上用生姜、花椒、蓼、大蒜等进行调味。据说原产于南美的辣椒在17世纪后半期传入了朝鲜半岛，自那以后人们制作泡菜时就开始加入了辣椒。

辣椒的传入给朝鲜半岛的腌制品文化带来了巨大的变革。以此为契机，泡菜的种类逐渐丰富，腌制品在人类饮食生活中也占据了更为重要的地位。

◆ 泡菜的种类

如今，韩国有100多种原材料和制作方法各不相同的泡菜，大致分为以下三大类：腌汁充足的水泡菜、仅用萝卜腌制的萝卜泡菜以及仅用白菜腌制的白菜泡菜。

水泡菜的做法是先将萝卜切成长条，然后把白菜切成同等大小一起腌制，腌制方法同米糠酱菜。萝卜泡菜则是把萝卜切成骰子状后腌制，因为在砧板上把萝卜切成骰子状时会发出咔嘟咔嘟的声音，所以有了这个名字[22]。

---

22 "萝卜泡菜"一词的韩语发音类似"咔嘟"。（译者注）

此外，日本人对白菜泡菜也很熟悉，这种泡菜集中在白菜上市的冬季进行制作，所以也称为冬腌菜，其特点是将白菜整个腌制。

◈ 泡菜的制作方法

我曾向韩国宫廷饮食研究院的韩福丽院长请教过正宗宫廷白菜泡菜的制作方法，步骤如下。

首先将白菜竖切成两半，然后将其放入粗盐加水兑成的盐水中腌制40分钟到1个小时左右，接着将白菜叶子铺开抹上盐，压上重物腌制一晚。

接下来准备调制韩国酱料。将三种辣椒混合后加少量水调成糊状，接着加入萝卜（切成细丝）、蒜末、姜末、腌虾米、小虾（生）、牡蛎（生）、小鱼干精华，再加入芥菜（切丝）、芹菜（切丝）、大葱（斜着切薄片）、小葱（4到5厘米长）、梨（切成细丝）和砂糖混合。

第二天用流水将盐腌的白菜清洗两到三遍，沥干后在每片叶子间抹上先前制作的韩国酱料，最后用最外侧的叶子将白菜包裹起来放入罐中，并将剩余的韩国酱料汁水也倒进罐子里，这就是腌制的全过程。将白菜放在18℃的地方静置一天能促进发酵，使其散发出泡菜的气味，第2天起就应将泡菜放进冰箱保存。

以上仅为宫廷白菜泡菜的制作方法，其实每个家庭腌制泡菜的材料和方法都不尽相同，秘方也各异，不过大多都是先把白菜竖切成四块，并在腌制时压上重物（重物重量约为蔬菜重量的一半）。每户人家所使用的韩国酱料也不一样，比如可选用的鱼贝类有鳕鱼、黄花鱼、飞鱼、竹荚鱼、鱿鱼、扇贝、鲍鱼、章鱼等，水果有苹果、大枣等，香辛料则有胡椒、花椒等。调制的手法亦千差万别，各有各的特色。

腌制次日，蔬菜本身带有的青草味及鱼贝类的咸腥味都会因发酵而消失，反而变成勾人食欲的特有香味。虽然这样已经足够好吃，但放置3天左右还会产生酸味，使其风味大增，味道也会更加醇厚。

◆ 美味的吃法

泡菜在韩国饮食中的地位举足轻重。除了日常饮食，酒席上也一定会有泡菜。人们会准备适合不同场合食用的泡菜，比如作为米饭的配菜、喝茶时的点心、下酒菜等。不仅如此，泡菜还被用于各种各样的锅料理，或者和肉一起炒，也有很多人直接把它当作蔬菜沙拉来吃。

与此同时，泡菜的酱汁也是非常重要的调料。发酵过程中产生的醇厚味道和气味都溶进了汁水里，所以无论把它当成其他料理的佐料还是直接当成汤喝都很美味。发酵过程中产生的乳酸为泡菜带来了十分清爽的口感，但泡菜同时也拥有可以让人尽情品味的浓郁味道与香气。泡菜的酱汁也常常被用作冷面的汤汁。

◆ 泡菜为什么好吃？

泡菜当然很好吃呀！腌制过的蔬菜会带有水润的口感，作为辅料的盐辛[23]类食材酝酿出了更深厚的美味，再加上辣椒、大蒜、生姜等香辛料的加持，勾人食欲的辣味和气味会大大增加。发酵的力量让这些因素互相融合及熟成，缔造出风味俱佳的食物。

我常说我们应该动用五感去品味泡菜。制作料理时应用手去感受食材，用耳朵去倾听切食材的声音，用眼睛去欣赏食物美丽的色泽，用鼻子去感受勾人食欲的气味，用嘴巴去品尝美味和口感——如此华丽的食物真是凤毛麟角。

◆ 泡菜有利于健康

据说泡菜不仅吃起来美味，也有利于身体健康。想必大家对泡菜增进食欲和促进肠胃消化的效果都有目共睹吧？泡菜是一种不可思议的食物，比如人因为夏日倦怠而没有食欲的时候，只需把泡菜加到小菜里或者用泡菜给料理调味，食物就会神奇地变得容易入口。泡菜适度的辣味和特有的发酵香能够振奋食欲。

23　一种盛行于日本与朝鲜半岛一带的渍物，常见做法为用盐腌渍海鲜类食材。

像我这样的人，只要有泡菜就能轻松搞定三碗米饭。

除此之外，泡菜也富含植物膳食纤维。膳食纤维有利于通便，还能抑制脂肪吸收，降低胆固醇。腌制泡菜时使用的香辛料和鱼酱也富含有利于健康的物质，辣椒和大蒜就是其中的代表。食用泡菜会让身体暖和起来，让人不容易感冒，还能有效缓解疲劳。据说辣椒里的辣椒素还有利于降低体脂。

泡菜是发酵食品，内含大量活的乳酸菌。乳酸菌既可以增加蔬菜中的维生素，还能在进入人的肠道后清除有害菌、增强免疫力等，能帮助人们从肠道开始让身体变得健康。

我吃了泡菜就会觉得身体发热、充满活力，所以平时吃得不少。只要闻到泡菜味，我就会食欲大增，身体也会不由得跃跃欲试，干劲十足。人们认为泡菜还隐藏着很多尚未阐明的功效。嘿，又美味又有利于健康，还有比吃到泡菜更开心的事吗？

◆ 韩国的泡菜文化

我曾多次到访韩国，接触了扎根于历史和传统的各种饮食文化。

令我印象深刻的是，无论走到哪里，人们的餐桌上都有泡菜，市场上一年四季都可以买到制作泡菜的原材料。

尤其值得注意的是，随着泡菜的主要原材料白菜的收获，腌制白菜泡菜的时节也如期而至，那时整个韩国都会陷入"泡菜轰动"的状态。大城市的街道自不必说，连地方村庄的小路上也全是出售辣椒和大蒜的露天市场，一派生气勃勃，热闹非凡。人们会把辣椒和大蒜装满大大的袋子，然后以数袋为单位售卖。在釜山和木浦等港口城市，到处都摆着装有小鱼酱、虾酱、鱿鱼酱、去壳贝类做成的酱等的钢桶，每种酱料都以数十公斤为单位运往各地出售。我以前在木浦和广川尝到过好几种酱，味道都很咸，不过都很鲜美，而且每个钢桶里酱汁的味道和香气都各不相同，可以根据个人喜好进行选择。

◆ 韩国泡菜和日本泡菜大不相同

对了，韩国人吃的泡菜和日本出售的泡菜风味完全不同。

韩国的泡菜盐分少、酸味足，但辣味和酸味并不浓烈，整体口感偏温和，日本泡菜则大多是咸味先刺激舌头，整体口味偏重且单一化，几乎吃不出酸味。两者最大的区别在于辣椒的辣度。韩国泡菜与其说辣，倒不如说是辣中带香，味道醇厚，口感很好，而日本泡菜则大多数都是单纯的重辣。

那么，两者的差异究竟源自何处呢？正宗的韩国泡菜是无法实现短期内量产的。制作韩国泡菜需要从数月前就开始准备，每个家庭需各自采买蔬菜、香辛料和盐，接着将精选的食材用秘方腌制并严格监控泡菜的发酵状态，用心程度可见一斑。韩国人对泡菜的爱真是无与伦比啊！

可是日本市面上出售的很多泡菜都添加了化学调味料和色素等，几乎全是未经发酵的即食"泡菜仿制品"，自然不会有正宗腌制泡菜的美味和风味，也不具备前文中提及的保健效果。最重要的是，对于朝鲜半岛重要的饮食文化，我们应该尊敬并正确传播，不是吗？

此外，韩国"腌制越冬泡菜文化"在2013年12月被联合国教科文组织列入了非物质文化遗产名录。

结语

为什么世界上有那么多臭味食物呢？我想你读了这本书定会有答案，用一句话来概括——因为人类需要臭味食物。

不过人类并不是因为渴望臭味才制造出臭味食物的。本书中介绍的发酵食品在发酵过程中会产生丙酸、戊酸、丁酸等释放出浓烈气味的代谢产物，还会分解食材的蛋白质，并产生氨、硫化氢、硫醇类等气味。

这些物质和人类的屁、大便、脚臭等成分相同，所以当然很臭，但人类制造臭味食物的目的并不在于气味，而在于食物的味道和营养。

比如新岛特产臭鱼干，在盐很难获取的时代，人们费尽心思想把鱼制成美味的干货，于是以海水作为腌渍汁，意外地产生了奇迹般的发酵，从而诞生了臭鱼干。还有北极附近的基维亚克，在难以吃到新鲜水果和蔬菜的环境中，人们发挥聪明才智，通过发酵制作出了这种含有维生素的神奇食物。

没错，臭味发酵食品就是在生活条件受限的环境中迫于需要而诞生的人类智慧的结晶。除了发酵食品，大蒜和韭菜等臭味蔬菜也堪称"智慧精选食材"，人类会巧妙利用它们的气味去除兽肉的臭味。

虽然有些食物的气味着实令人望而却步，但没有尝过味道就心生厌恶的话，那就太可惜啦！在此我呼吁本书的读者朋友们，一定要用你们的鼻子和舌头真真正正地去尝试尝试这些食物，去感受世界各地的先人们的智慧。只要尝一口，你看待世界的方式以及和气味的距离感就一定会有所改变！

产品经理：李芳铃
视觉统筹：马仕睿 @typo_d
印制统筹：赵路江
美术编辑：梁全新
版权统筹：李晓苏
营销统筹：好同学

豆瓣 / 微博 / 小红书 / 公众号
搜索「轻读文库」

mail@qingduwenku.com